Mathematical
model

データ分析のための

# 数理モデル入門

本質をとらえた分析のために

東京大学先端科学技術研究センター　江崎貴裕

ソシム

# まえがき

　本書は，データの分析・応用において必須の道具となる「数理モデル」について，分野を跨ぐ俯瞰的な視点で解説した挑戦的な教科書です。一口に数理モデルといってもその内容は非常に多彩で，対象とする問題・分野に応じてさまざまな手法が利用されています。データ分析を主眼とした数理モデルに絞っても，計算機科学，統計学，物理学，化学，生物学，生態学，心理学，経済学といった分野の間で，それぞれ利用される手法が異なっているというのが現状です（昨今のデータサイエンスの発展を背景に，こうした分野・手法の間の垣根が低くなってきているようにも感じます）。

　しかしこれらの手法は，見た目は異なっていても，データの生成原理をよく表す数理モデルを構築し，そこから情報を引き出すという基本的なアイディアで通底しています。したがって，どの方法にも共通する考え方や手続き，直面する課題等が存在しています。

　本書では，数理モデルを使ったデータ分析の本質的な部分を抽出するという立場をとりながら，広い視点でデータ分析を眺めるという解説を目指しました。これにより，

- そもそも数理モデルを使ったデータ分析で何ができるかわからない
- 今自分が使っている数理モデルは適切なモデルなのか，また他の可能性があるとしたら，それをどうやって探せばいいのかわからない
- 数理モデルの振る舞いや性質を理解することで，より本質に迫ったデータ分析がしたい

といったニーズに対して，一定の回答ができるのではないかと期待します。

　最近では，データ分析の手法に関する優れた書籍がいくつも出版されていますし，インターネットでも実装プログラムを含めた質の高い情報が手に入るようになってきました。しかし，そもそもどの手法を使って問題にアプローチするべきかを正しく決めるためには，数理モデル全体のイメージを掴む必要があります。

本書ではこのような全体像が伝わることを最重視し，個別の話題の技術的な部分についてはできるだけ深入りしすぎないようにしました。

　本文ではできるだけ平易な説明を心掛け，数学の専門知識がなくても読みすすめられるように工夫しました。一方で，脚注には発展的な内容についての解説や参考文献も充実させました。したがって，データ分析の初心者の方だけでなく，データ分析を研究・業務などで普段から行っている専門家の方にもお楽しみいただけるのではないかと思います。

　本書は4部構成になっています。第一部では数理モデルとは何か，数理モデルで何ができる・できないかに焦点を当てて，数理モデルという概念を整理します。第二部では，本書の内容の土台となる概念や基礎的な数理モデルについて解説します。これらの内容には後の章で使う数学の準備の意味もあるので，既にある程度数学・数理モデルの知識を持った読者の方は流し読みしていただいてもよいと思います。第三部では，データ分析において主力となる数理モデルに関して，どのようなものが世の中に存在していて，それによって何ができるのかについて紹介します。最後に第四部では，実際にデータ分析を行うときに，何に基づいてどのようにモデルを選び，構築すればいいのかについて解説します。

　本書では，さまざまな数理モデル・概念が登場します。本書を執筆するにあたって，各々の分野で知られている典型的な内容を，ただ順番に配置することもできたでしょう。しかし，それでは折角一冊の本としてまとまっている意味がありません。そこで，これらをただ羅列するのではなく，有機的なつながりを持って概観できることを重視しました。そのために必要十分な内容を配置した結果，扱えなかった内容も無数にあります。しかし，そのような内容についても，本書で得た知識があれば，必要に応じて情報を調べることができるようになるでしょう。

　本書が，少しでも皆様の数理モデル・データ分析の理解のお役に立てれば幸いです。

# 目次

5

したパラメータの値から説明する方法 / ■(3)推定された潜在変数や内部表現を使って次の解析を行う方法 / ■(4)数理モデルのパラメータを変化させた状況をシミュレートする方法

# 第二部　基礎的な数理モデル

# 第3章 少数の方程式によるモデル

## 第6章 統計モデル

## 第三部　高度な数理モデル

### 第7章 時系列モデル

### 第8章 機械学習モデル

## 第四部　数理モデルを作る

## 第11章　モデルを決めるための要素

## 第12章　モデルを設計する

# 第13章 パラメータを推定する

# 第一部
## 数理モデルとは

第一部では，まず数理モデルとは何か，またそれを使った分析が通常のデータ分析とどう異なるのかについて解説します。次に，それらの分析によって何が可能になるのかについて紹介します。本書ではさまざまなデータ分析手法が登場しますが，それらの目的は大きく2つに分けることができます。そのそれぞれについて，さまざまな数理モデル活用の仕方を概観することで，数理モデルのイメージを掴んでいただきたいと思います。

第1章

# データ分析と数理モデル

数理モデルの詳細に入る前に，まずそもそも「データを分析する」とはどういうことか，そして，数理モデルを使うことが何を意味するのかを考えてみましょう。データを使って対象を分析するときには常に，得られたデータだけから有益な情報を取り出さなければならないという制約が付きまといます。数理モデルはそのような制約の中でもパワフルな分析結果や応用をもたらしてくれることがありますが，その適用範囲や妥当性を評価する際に，本章で説明する内容の理解が役に立つでしょう。

# 1.1 データを分析するということ

## 人間の認知限界とデータ分析

そもそも，なぜ我々はデータを分析するのでしょうか？　普段から我々の脳は，さまざまな情報を処理して世の中を理解・制御しています。しかし，対象となるものの振る舞いが複雑になればなるほど，こうした直観的な理解や制御が及ばなくなってきます。こうした状況で，対象から情報（**データ**）を取得して，それを分析することによって，その対象がどのようなメカニズム・ルールで動いているのかを客観的に理解・制御しようとするのがデータ分析です。

この営みは遥か昔から，人類がさまざまな学問分野において当然のようにやってきたことであり，社会の発展を支えてきました。一方，世界はまだまだ人間が理解しきれていない複雑な現象であふれています。人間の行動（個人の行動・社会現象）や，生態系の変動，生命現象などがその最たる例といえるでしょう。

## 対象をデータ生成システムとして捉える

本書では，データ分析の対象となるもののことをしばしば**システム**（system；系）と呼びます。これは「注目しているひとまとまりのもの」という意味で，便

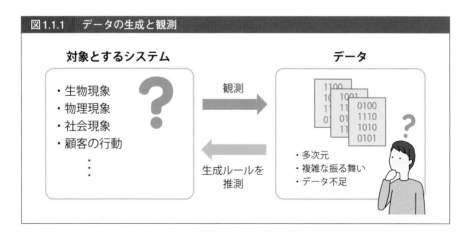

図1.1.1　データの生成と観測

利な用語なのでよく使われます[1]。人間がシステムからデータを得ることを**観測**（observation）といいます。また同じことを逆の視点で，システムがデータを**生成する**（generate）ともいいます。

## データ分析における限界

データ分析をすれば何でもわかるか，といえばもちろんそうではありません。多くの場合，得られるデータは対象のごく一部の状況を反映したものにすぎません。**(1)単にデータが足りない**，あるいは**(2)そもそも対象の一部分しか観測できない**，という問題が常に付きまとうからです。また，仮に関係するデータが十分に取得できたとしても，**(3)対象とする現象が極めて複雑な場合**，システムのメカニズムを理解するところまで至らない場合も多々あります。例えば，仮に脳の中のすべてのニューロンの活動パターンが十分に取得できたとしても，そこから高度な知能がどのように生まれているかを知ることはまた別の難しい問題です。

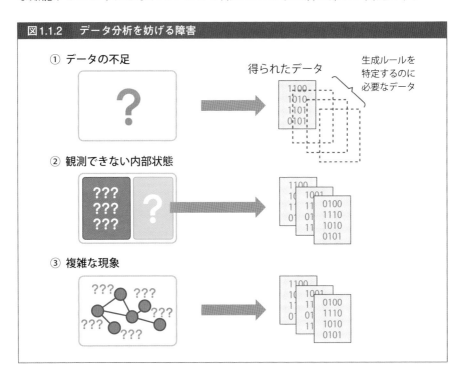

図1.1.2　データ分析を妨げる障害

① データの不足

得られたデータ

生成ルールを特定するのに必要なデータ

② 観測できない内部状態

③ 複雑な現象

---

1) 一般に「システム」というと，方式・制度・機構などの意味でも使われますが，ここではこうした含意はありません。

## 2つのアプローチ

データ分析の典型的なアプローチは要素還元です。いくつもの要素が絡み合っているように見える対象を，分離可能な少ない種類の要素の集まりとして理解しようという方針です。うまくいけば，理解に基づいて対象をコントロールしたり，新しいシステムを設計したりすることができるというメリットがあります。このような方針は近代科学において一定の成果を収めてきましたし，これからもおそらくそうでしょう。

一方で，そのようにして理解できない対象についても，なんとかして理解・制御ができないか，というのが現代の課題です。そこに台頭してきたのが，**深層学習**（deep learning）をはじめとする「複雑なものは複雑なまま分析してしまおう」という方針です。一部の問題に対しては，極めて優れたパフォーマンスを挙げているこれらの手法は，**データ駆動型**（data-driven）の新たな分析パラダイムを提示したといってもいいでしょう。このような分析においても，何が起きているのかをできるだけ理解しようという研究や，道具として利用することでデータから本質的な情報を取り出そうという取り組みも進んでいます。

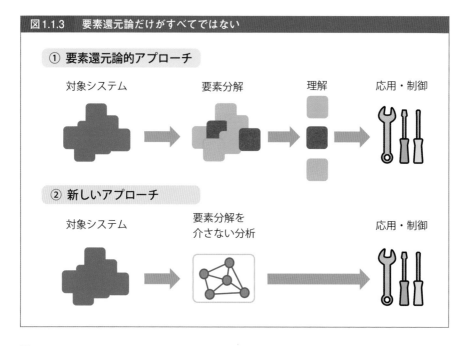

図1.1.3　要素還元論だけがすべてではない

① 要素還元論的アプローチ

対象システム　　　要素分解　　　理解　　　応用・制御

② 新しいアプローチ

対象システム　　　要素分解を介さない分析　　　応用・制御

# 1.2 数理モデルの役割

## データを眺める以上の分析が必要なら数理モデルの出番

　データ分析と聞いてまず思いつく方法としては，例えば**平均値**（mean）や**標準偏差**（standard deviation）といった値（**記述統計量**：descriptive statistics）を計算したり，グラフを描画することなどが挙げられるでしょう。それによってデータの特徴をつかむことは，立派なデータ分析であるといえます。このようにして現象の傾向を読みとったり，背景にあるメカニズムを想像するだけでも，有益な結論を導くことができる場合があります。

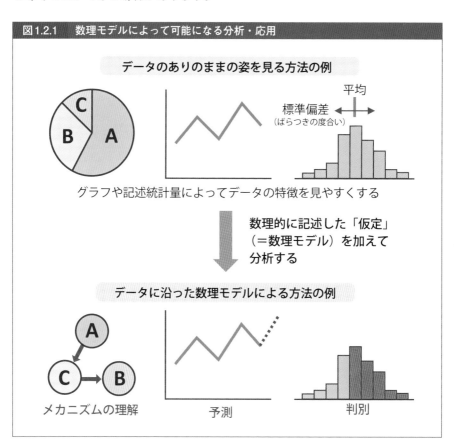

**図1.2.1　数理モデルによって可能になる分析・応用**

データのありのままの姿を見る方法の例

平均

標準偏差
（ばらつきの度合い）

グラフや記述統計量によってデータの特徴を見やすくする

数理的に記述した「仮定」
（＝数理モデル）を加えて
分析する

データに沿った数理モデルによる方法の例

メカニズムの理解　　　予測　　　判別

一方で，データをただ眺めているだけではできないこともあります。例えば，以下のようなものが挙げられます（図1.2.1）。

- ・現象のメカニズムを客観的な方法で明らかにする
- ・データから未来のことを予測する
- ・コンピュータに高度なデータ処理・データ生成をやらせる

　こうした課題を解決するために，**数理モデル**（mathematical model）が活躍します。**数理モデルとは，数学的な手段を用いて記述された，対象のデータ生成ルールを模擬したものです。**実際の分析対象となるシステムでは，自由にデータを生成させたり，内部の条件を変えて操作したりすることは普通できません。しかし，同じような振る舞いをするコピーを数式で作ってしまえば，後は分析するなり予測に使うなり，自由に活用することができるわけです（図1.2.2）。

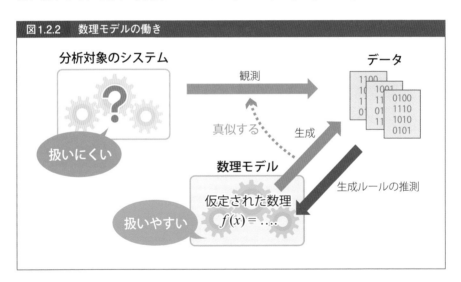

図1.2.2　数理モデルの働き

## 数理モデルは「仮定」である

　数理モデルを作るためには，まずどのような数学的な枠組みでシステムを表現するかを決めなくてはいけません。実際の問題では，完璧に対象を表せる数理モデルというものは存在しません。「このような枠組みでうまくいくとしたら」という仮定のもとに分析が行われます。数理モデルを仮定したら，次にそれができる

だけ対象となるシステムと同じようなデータを出してくれるように調整します。

　最終的に出来上がった数理モデルが，どれだけ対象をよく表現できるかは，どのような仮定を置いたかに大きく依存します。データの構造・生成メカニズムに合った数理モデルをうまく用意することができれば，モデルが活き活きと動き出し，もとのデータだけからでは引き出すことのできないさまざまな情報を教えてくれます。

　一方で，適切でない仮定によって数理モデルを作ってしまうと，その仮定に引っ張られて誤った結論が導かれたり，応用のための性能が全く出ないということが起こりえます。特に数理モデルが複雑になると，モデルの振る舞いがわかりにくくなるため，モデル化がうまくいっていないときでもそれを見逃しやすくなります。

　このように，**数理モデルによって得られた結論は，常に使用したモデルという仮定の下で，という条件付きになっていることに注意が必要です**[2]。本書では，適切なモデリングを行うために注意しなければならない事項や，モデルを評価するときに重要なポイントについても紹介していきます。

---

[2] 　後に紹介する応用志向型のモデリングでは，パフォーマンスさえ出ればそれでOKという状況もありえます。

## 第1章のまとめ

●数理モデルとは，数学的な手段を用いて記述された，対象のデータ生成
のルールを模擬したものである。

●データを眺めただけではわからないメカニズムの理解や，予測などの高
度な分析・応用が必要な時に数理モデルが活躍する。

●数理モデルによる分析は，モデルごとに数理的な「仮定」を前提として
いることに注意。

第2章

# 数理モデルの構成要素・種類

本章ではいよいよ，数理モデルについて具体的に見ていきます。まず，数理モデルを構成する要素について解説します。一口に数理モデルといってもさまざまなものがありますが，本書ではこれらの数理モデルを，その目的に応じて大きく2つに分けます。このそれぞれについて，数理モデルがどのように利用されるのかを具体例を交えつつ整理していきます。このようにして，以後の章で出てくる数理モデルたちを横断的に理解するための土台とします。

# 2.1 変数・数理構造・パラメータ

## 数理モデルを構成する要素

　本書では，数理モデルを3つの要素に分解して理解します。それは，**変数**（variable），**数理構造**（mathematical structure），**パラメータ**（parameter）です。ここではまず，それぞれの要素について押さえておくべき用語，注意事項などについて紹介していきます。

## まずは変数で表すことから

　数理モデルを作るための第一ステップは，**変数**を用意することです。変数とは，対象となるシステムの何らかの状態，性質，量などを数字やラベルで表したものです。

### ⑴量的変数と質的変数

　変数には，目的に応じてさまざまな区別の仕方があります（図2.1.1）。まず，変数の値に着目した分類について説明します。足し算・引き算ができる数字で表された変数のことを，**量的変数**（quantitative variable）といいます[1]。例えば，一人の人間を変数で特徴づけるときに，体重や身長を測定すれば，それは量的変数となります。一方で，性別や趣味，テストの順位といった量のことを**質的変数**（qualitative variable）または**カテゴリ変数**（categorical variable）といいます[2]。これらの分類は，モデル化の途中で変数に数理的な操作を行う際に，行ってもよい操作・行ってはいけない操作を判別する際に重要になります。

---

1) さらに細かく**間隔尺度**と**比例尺度**に分けることができます。比例尺度は，足し算引き算に加えて，さらに割り算にも意味がある量です。例えば，温度には差が定義できます（25度と30度の差と10度と15度の差は，ともに5度で物理学的に同じものです）が，割合は定義できません（100度は1度の100倍熱いわけではありません）。

2) 質的変数は**名義尺度**と**順序尺度**に分けることができます。本文の例では性別，趣味が名義尺度で，テストの順位が順序尺度です。テストの順位は数字で表されていますが，数字自体に意味はありません（1位と5位の差と101位と105位の差は一般に同じではありません）。**したがって平均値を計算することができませんが**，順番は決めることができるので**中央値は決めることができます**。

### ⑵観測変数と潜在変数

次に紹介するのは，変数を直接観測できるかどうかに関する分類です。直接観測してデータを取得することができる変数のことを**観測変数**（observable variable），できない変数を**潜在変数**（latent variable）といいます。例えば，ある顧客がコンビニで購入した商品のリストが取得できたとすると，この場合「何をいくつ購入したか」は観測変数ですが，それだけではその顧客が「なぜその商品を買ったのか」（見た目がよかったから？安かったから？等）は判断できないので，「購入理由」は潜在変数ということになります。

もちろん観測できる変数は多いほうがいいのですが，対象となるシステムによってはどうしても潜在変数をモデルに含めなくてはならない場合もあります。

### ⑶目的変数と説明変数

最後に紹介するのは，モデルの中での役割による分類です。例えば，「身長が高

---

**図2.1.1　変数の種類**

## 変数＝対象の状態や量を数で表したもの

**値の性質による分類**

- **量的変数** （例）身長、体重、BMI、…
- **質的変数** （例）性別、趣味、テストの順位、…
  （カテゴリー変数）

**観測できるかどうかによる分類**

- **観測変数** 直接観測・測定できる（見える）変数
- **潜在変数** 直接観測・測定できない（見えない）変数

**説明するか／されるかによる分類**

- **目的変数**（従属変数） 説明される変数
- **説明変数**（独立変数） 説明に使う変数

いほど体重は重くなる」という状況を数理モデルで表したいとしましょう。ここでは，体重の値を身長の高さの情報を使って計算できないか検討します（図2.1.2）。

このとき，計算に使う身長の方を**説明変数**（explanatory variable），または**独立変数**（independent variable），計算される体重の方を**目的変数**（objective variable），または**従属変数**（dependent variable）といいます。

## 数理構造 = 「数理モデルの骨組み」

**着目する変数の間の関係性を，数学的に表現したものが数理モデルです**（図2.1.2）。具体的に「数学的に表現する」ときに必要なもの（数式など）をまとめて，本書では**数理構造**（mathematical structure）と呼ぶことにします。当面は，単に数式のことを表していると思っていただいて構いません[3]。この数理構造が決まると，数理モデルの骨組みが決まります。この骨組みがデータの性質に合っていなければ，いくら頑張ってデータを説明しようとしてもうまく機能しません。したがって，**適切な数理構造を選ぶことが良い分析の要となります**。

## パラメータは数理モデルを「動かす」

数理モデルには，その振る舞いをデータにうまく沿わせるための「可動域」があります。その動きを制御するのが**パラメータ**（parameter）[4]です。モデルをデータに合わせる**フィッティング**（fitting）[5]という作業によって，このパラメータの値を決めることで，最終的に数理モデルが完成します。パラメータの数が多いと，いろいろな方向に「可動域」（**自由度**：degree of freedom）を用意することができるようになるため，数理モデルの表現力が上がります。つまり，データに合わせやすくなります。

---

3) 通常の教科書では，広い意味で同じ種類の「数理構造」をもった数理モデルしか登場しないので，このような言葉遣いをする必要はないのですが，本書では数式では表されない（ほうが記述として分かりやすい）数理モデルも扱うため，少し抽象化した数理構造という用語を用います。なお，この言葉自体は造語ではなく一般に使用される用語ですが，「対象の背後にある（または表出した）数理的に記述できる性質」といった語感をもちます。
4) 日本語では**母数**といいますが，この語はあまり使用されません。
5) 分野によってさまざまな言い方があり，「パラメータ推定」，「回帰」，「モデルのあてはめ」などということもあります。

一方で，後に説明しますが，高すぎる表現力はしばしば問題を引き起こすこともあります（8.1節）。どれくらいの数のパラメータをモデルに含めるかは，分析の目的や，使っている数理構造によって変化します（第12章）。

---

**図2.1.2　数理モデルの構造**

## 数理モデル＝変数の間の関係性を表現したもの

変数の数理構造（方程式など）＋パラメータ

**例：体重と身長の線形回帰モデル**

W: 体重, H: 身長, a と b: パラメータ

$$W = aH + b$$

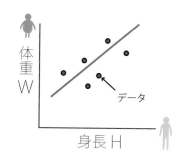

体重 W

データ

身長 H

---

# 2.2 数理モデルと自然科学の基礎理論

## 確立した数理モデルは基礎理論に

　数理モデルのなかには，現実のデータとの整合性が十分に吟味されて，現象の近似理論としての地位を確立したものがあります。例えば，物体の運動を表すニュートンの運動方程式や，電磁気学におけるマクスウェルの方程式などがそれにあたります。多くの場合，これらの数理モデルは**微分方程式**（differential equation）によって表現されます。微分は，「**何かの，何かに対する変化の割合を計算したもの**」を表しますから，重要な変数として頻繁にモデルの中に登場します。例えば，動いている物体の速度は，物体の位置の時間変化の割合を表しているので，微分で記述されます。変数の微分を含む方程式のことを微分方程式といいます。こうした数理モデルを使用すると，さまざまな現実の現象を計算によって予測することができます。

### 図2.2.1　基礎理論としての数理モデル

**自然科学の基礎方程式の例**

ニュートンの運動方程式

$$m\frac{d^2 r}{dt^2} = F$$

マクスウェルの方程式

$$\begin{cases} \nabla \cdot B(t, x) = 0 \\ \nabla \times E(t, x) + \frac{\partial B(t, x)}{\partial t} = 0 \\ \nabla \cdot D(t, x) = \rho(t, x) \\ \nabla \times H(t, x) - \frac{\partial D(t, x)}{\partial t} = j(t, x) \end{cases}$$

**微分は何かの変化量を表す** $\frac{d}{dx}$　$f'(x)$　$\nabla$　$\Delta$

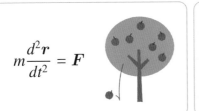

微分 = 何かの変化の速度、何かの傾き、…

➡ **重要な変数としていろいろなところに登場**

## 境界条件と計算の難易度

　数理モデルには，問題に応じて適用できる時間的・空間的な範囲が存在します。この範囲の**境界**において数理モデルが満たさなければならない条件のことを，**境界条件**（boundary condition）といいます。考えている問題の，最初の時点で満たされなければならない条件である**初期条件**（initial condition）も，境界条件の1つです。対象となる状況が単純な場合には，しばしば数理モデルに基づいて理論的な計算を行うことが可能となります。一方で，現実の問題を考える際にはこの境界条件がしばしば複雑になるため，数値シミュレーション（数値計算）に頼るしかないこともよくあります。

　本書では，データ分析のための数理モデルに焦点を当てています。つまり，データの生成原理がわからない状況を念頭に置いて話を進めます。したがって，基本法則や基礎方程式が確立している問題については，表立っては扱いません。しかし，そのような数理モデルにおいて知られているテクニックや，数学的な振る舞いに関する知見は大いに活用していきます。

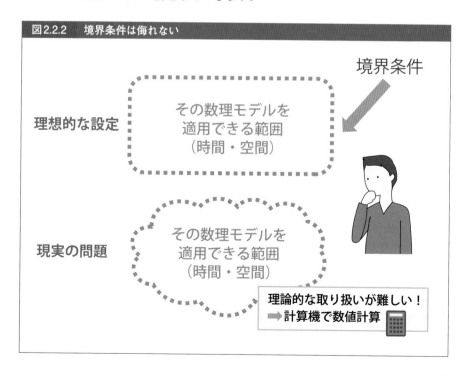

図2.2.2　境界条件は侮れない

## 2.3 理解志向型モデリングと応用志向型モデリング

### 目的によってモデリングは大きく異なる

本書では，数理モデルによる分析を目的に応じて大きく2つの種類に分けます（図2.3.1）。

1つは**理解志向型モデリング**です。これは，

**データがどういうメカニズムで生成されているのかを理解する**

ことを第一に目指して行われるモデリングです。例えば，対象となる現象において，どの要因が強く影響を与えているかを特定したり，なぜそのような現象が起こるのかを明らかにすることを目的とします。

もう1つは，**応用志向型モデリング**です。これは

**手元にあるデータをもとに，未知のデータに対して予測・制御を行なったり，新しいデータを生成して利用する**

ことを第一に目指して行われるモデリングです。画像の判別や生成，自動運転や機械翻訳といった応用のために行われます。そのため，数理モデルによる現象理解のしやすさよりも，応用に実装したときの性能を重視します。もちろん，こうしたシステムを使用するかどうかの最終的な判断は人間の意思決定によるので，ある程度モデルの振る舞いを理解することもニーズとして求められています。

### モデルの複雑さと理解のしやすさ

数理モデルは，一般に次のようなときに複雑になり，理解しづらくなります[6]。

---

6)　一見単純なモデルなのに，その振る舞いが複雑（カオスなど）になってしまう例外はあります。

- ・変数やパラメータの数が多い
- ・数理構造に使用されている関数が複雑

したがって，理解志向型モデリング場合，できるだけこれを避けます。

- ・変数やパラメータの数を最小限に
- ・数理構造に使用する関数もできるだけ簡単に

もちろん，簡単にしすぎた結果，データと乖離してしまっては元も子もありませんから，適切にモデルの複雑さを設定する必要があります。

一方で，応用志向型モデリングでは必ずしも対象を理解する必要はないので，これらのポイントは（モデルの性能さえ良ければ）気にする必要はありません。

それでは，それぞれのモデリングについて詳しく見ていきましょう。

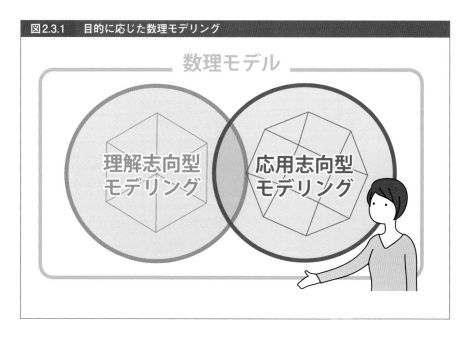

図2.3.1　目的に応じた数理モデリング

# 2.4 理解志向型モデリング

## 理解志向型モデリングの方法

　数理モデルは，どのようにメカニズムの理解に役立つのでしょうか？

　まず，基本的な考え方として「データをうまく説明する数理モデルは，**データの生成過程をある程度捉えているだろうから，その数理モデルを調べてやれば理解につながるはずである**」ということを前提にします。

　その方法には，以下のような代表的な4つの方針があります[7]。

---

⑴数理構造から説明する方法
⑵推定したパラメータの値から説明する方法
⑶推定された潜在変数や内部表現を使って次の解析を行う方法
⑷数理モデルのパラメータを変化させた状況をシミュレートする方法

---

[7]　ただし，常にこのどれかのうちの一つに分類できるというわけではなく，実際には複数のカテゴリに属すケースもあります。

## 図2.4.1　理解志向型モデリングの4つの方法

### 理解志向型モデリングの種類

#### （1）数理構造から説明する

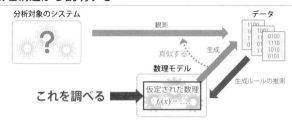

#### （2）パラメータから説明する

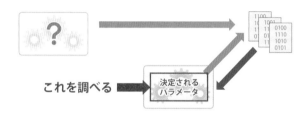

#### （3）推定された潜在変数や内部表現を使って次の解析を行う

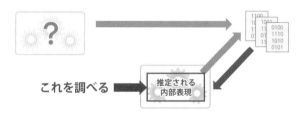

#### （4）数理モデルのパラメータを変化させた状況をシミュレートする

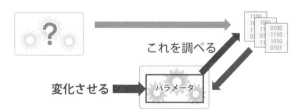

## (1)数理構造から説明する方法

この方法では，「モデルがデータを説明できるということは，数理モデルを作る
ときに仮定した数理構造が正しかった（可能性が高い）」という論理を立てます。
例えば，次のような例を考えましょう。

高速道路では，事故でもないのに自然に渋滞が発生することをご存知でしょうか？
この自然渋滞は，道路が混んできて車両の数が1kmあたり約25台を超えると発
生します。このような現象が起こるメカニズムを数理モデルで分析した例を紹介
しましょう[8]。

自然渋滞は，車がたくさん集まって初めて起きる現象です（このような現象を，
**集団現象**といいます）。集団現象ではしばしば，「個々の要素を分析しても理解で
きない，全体としての振る舞いが，どのようにして生じるのか」を明らかにする
ことが問題設定となります[9]。今回の場合では，一台の車の動きを観察しても，な
ぜ自然に渋滞が起きるのかはわからない，という状況に対応します。

この問題に対してよく知られたアプローチの1つは，それぞれの車の動き（速
度）を方程式で表してしまうという方法です。最適速度モデル（optimal velocity
model）というモデルでは，ドライバーが車間距離に応じてアクセル／ブレーキ
（車の加速度）を操作する様子を数式で仮定します。
簡単に説明すると，次のような直観的に重要と考えられる要素を数式に込めて
表現します[10]。

> ・車間が詰まってくるほど遅い速度に調整
> ・車間距離が十分に長ければ一定の最高速度に調整

そして道路の上での交通の流れを，このような速度調整を行う「粒子」（自己駆

---

8) 詳しいことに興味が湧いた方のために，いくつかの文献を挙げておきます。読みやすい解説書としては，西成活
裕『よくわかる渋滞学』（ナツメ社），最適速度モデルの原著論文は M. Bando *et al.*, *Phys. Rev. E* 51, 1035 (1995)，
自然渋滞の発生を実験的に証明した文献として Y. Sugiyama *et al.*, *New J. Phys.* 10, 033001 (2008) があります。
9) 標準的には，「**ミクロ**（microscopic）な振る舞いから発生する**マクロ**（macroscopic）な振る舞いを理解する」と
いうことになります。これは物理学では統計力学の基本理念となっており，現在ではそこで開発された手法が分
野の垣根を越えてさまざまな社会データや生物学データの分析に応用されています。
10) 具体的な数式自体は，ここでは理解しなくて構いません。

動粒子；self-propelled/driven particle といいます）の集まりとしてモデル化します。

---

**図2.4.2　自然渋滞をモデル化した例**

## 自然渋滞の発生

自然に渋滞に..

完全に静止している

## 一台一台の車の動きをモデル化

例）　最適速度モデル

$$\dot{x}_i = v_i$$
$$\dot{v}_i = a(V(x_{i+1} - x_i) - v_i)$$

── 数式の意味 ──
- 前の車との車間が詰まってきたら速度が遅くなるように減速する
- 車間が十分開いていれば最高速度を維持する

車間距離 $x_{i+1} - x_i$

速度 $v_i$

位置 $x_i$　　　　$x_{i+1}$

**それぞれの車の運転手のアクセル操作をモデル化**

このモデルに従って、仮想的な車たちを動かしてみる

## 数理モデルの中でも自然に渋滞が発生！

モデル化で仮定した速度の調整の仕方が自然渋滞を生み出す

**さらにモデルを理論的に解析することで…**
- 渋滞発生のメカニズム
- どのような条件で渋滞が発生するか

実際にこの数式に従って粒子たちを動かす[11]と，なんと車の混雑度がある値より大きくなったところで自然に渋滞が発生します。これで，モデルで仮定した数理構造（車の速度の変化のさせ方）から対象としている現象を再現することができました[12]。このモデルをさらに分析すると，「渋滞が発生するときには，車の速度の変動が後ろの車に伝わっていくにつれて拡大する状況になっている」というメカニズムや，渋滞が発生する混雑条件などが明らかになります。

　一般に，現象が説明されたとして，そのモデルを構成するすべての要素が正しいとは言えません。したがって，モデルの定義によくわからない要素が含まれていればいるほど，結果の解釈のしやすさやモデルの妥当性に悪影響を与えます。

　数理構造から説明する方法では，モデルを作るときに仮定して良いと思われる経験事実・観測事実からボトムアップ的に論理を構成します。したがって，どのような仮定を置くのかに細心の注意を払います。その代わり，演繹的な理解が得られれば，モデルの精度はそこまで求められません[13]（詳しくは11.2節）。

## ▎(2)推定したパラメータの値から説明する方法

　次に紹介する方法では，推定したパラメータの値を使って分析を行います。簡単な例として，次のような問題を考えてみましょう。

　人間は睡眠時間が短くなると，仕事のパフォーマンスが大きく下がることが知られています。ここではその下がり方について，普段から8時間睡眠をとっているAさんとBさんの間の個人差を分析してみましょう。AさんとBさんが，睡眠時間をそれぞれ8時間，7時間，...，0時間とった時の仕事のパフォーマンスを数値化したものを，図2.4.3に示します[14]。横軸は普段と比較したときの睡眠不足の時

---

11) 詳しくは後に述べますが，このようなモデルは数式の変形によって分析すること（これを「**解析的に分析する**」といいます）がしばしば困難なので，数値シミュレーションによって時間を少しずつ動かして計算します（4.2節）。ちなみに，よくある間違いですが，「**シミュレーション**」を「**シュミレーション**」としないよう注意しましょう。
12) ここでは，データの値を定量的に再現することではなく，渋滞の発生という定性的な現象を説明することが数理モデルの目標になっています。
13) モデルがデータの大体の振る舞いを再現すれば，定量的に細かくデータと一致しなくても良いという意味です。一般にモデルの精度はパラメータの数を増やせば上がりますが，それが目的の理解につながるとは必ずしも言えません（これをよく表す表現として，「**オッカムの剃刀**」というものがあります）。また，使用する数式・関数も，本質的な情報を失わない範囲で，できるだけ簡単なものを利用するのが良いです。
14) これは仮想的に著者が作成したデータです。「仕事のパフォーマンス」という量はそれぞれの条件で適切に定義・測定されていて，普段を100とするように正規化されているものとします。また，ここでの趣旨に外れるため統計学的な議論は割愛します。

間数（＝8時間から実際の睡眠時間を引いたもの）としました。このデータを表現するために，仕事のパフォーマンスを$Y$，睡眠不足の時間数を$X$として，

$$Y = aX + b \qquad (2.4.1)$$

という直線でモデル化することを考えます。このようなモデルのことを**線形モデル**（linear model），また線形モデルをデータに当てはめることを**線形回帰**（linear regression）といいます[15]。モデルの中に出てきた$a$と$b$はパラメータで，これを変化させることによって，モデルがデータをうまく表現するようにフィッティングを行います。

AさんとBさんそれぞれについて，パラメータの値を求めたのが図2.4.3です。このとき決定した値に注目してみましょう。

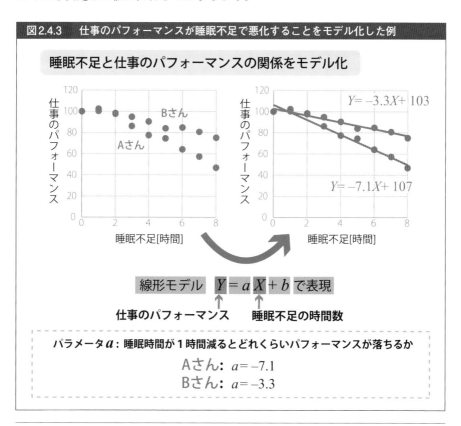

**図2.4.3　仕事のパフォーマンスが睡眠不足で悪化することをモデル化した例**

睡眠不足と仕事のパフォーマンスの関係をモデル化

線形モデル　$Y = aX + b$　で表現
仕事のパフォーマンス　　　睡眠不足の時間数

**パラメータ$a$：睡眠時間が1時間減るとどれくらいパフォーマンスが落ちるか**
Aさん：$a = -7.1$
Bさん：$a = -3.3$

---

15）線形という言葉については，後に解説します（3.1節）。

パラメータ$a$は，睡眠不足の時間が1時間増えたときにどれくらい仕事のパフォーマンスが落ちるかを表す**係数**（coefficient）です。これを比較すると，Aさんは睡眠時間が1時間短くなるごとにパフォーマンスが約7.1低下しますが，Bさんは3.3低下しています。したがって，Aさんのほうが睡眠不足に弱いということが結論できそうです。

このようにモデルの中にあるパラメータの意味付け，働きが明らかな場合，推定された値はデータの一側面を抽出します。こうして得られた値を使って分析対象の解釈を行ったり，別の分析（例えば統計解析など）に使うデータとすることもできます[16]。統計的推論（第6章）もこれに分類されます。

## (3)推定された潜在変数や内部表現を使って次の解析を行う方法

潜在変数とは，変数の中でもモデルの内部にある観測できない変数のことでした。ここまでは，推定されたモデルそのものの情報を使って分析を行う方法について論じてきました。3つ目に紹介するのは，**推定されたモデルの潜在変数やそれらの内部表現を使ってデータを変換し，それを使って次のデータ分析を行う方法**です。

例えば，変数の数が多いデータ（**高次元データ**といいます）では，値を見たりグラフ化するだけでは何が起きているのかがわからないことが普通です。このような場合，一度潜在変数を持つ数理モデルで表現し，その潜在変数を使って**低次元**の表現に変換する，という方法がよく利用されています（詳しくは8.4節）。

このように書くと少しわかりにくいかもしれませんが，具体例を実際に見てみましょう。

まず，潜在変数を持つモデルというのはどういうものかを説明します。一例として，**混合分布モデル**（mixture model）という確率モデル[17]を紹介します。

---

16) 推定されたパラメータがどれだけ本質的な情報を担っているかは，数理モデルの質によります。データに全然合わないモデルを使って推定されたパラメータの値には，何の意味もないので注意が必要です。また，（今回は意図的に無視しましたが）データがばらついている場合，推定された値が信頼できるものかどうか統計的に吟味する必要があります（6.3節）。

17) 詳しくは後述します（5.1節）が，ここでは「確率モデル＝何かが発生する確率を記述するモデル」のように理解していただいて問題ありません。ピンとこない方は，（1/6の確率でそれぞれの目が出るとは限らない，特殊な）サイコロを振って出た目を生成するような仕組みのものだと想像してください。

このモデルは「混合」と名前にあるように，複数の確率モデルをモジュール[18]として組み合わせたものです（図2.4.4）。各々のモジュールは確率分布という数理構造を持っています。確率分布とは，対象とする現象の発生する確率を，すべての場合について指定したもののことです。このモデルでは，潜在変数 $k$ はどのモジュールからデータを生成するかを表します。$k = 1$ なら1つ目のモジュールから，$k = 2$ なら2つ目のモジュールからデータを生成します。このようなモデルを，**状態空間モデル**（state space model）といいます。システムの状態を表す変数（この場合は $k$）を持っているモデルという意味です。状態空間モデルは，システムに複数の状態があって，その状態に応じてデータが生成されているという状況を説明するのに利用されます[19]。では，実際に混合分布モデルを使って，人間の脳の状態を特徴づける分析例を紹介しましょう（図2.4.4）。

人間の脳は，複数の領域が連携して機能していると考えられています。この脳の領域同士の連携の様子を分析するために，ここでは脳の10個の領域から脳活動[20]の**時系列**（time series）[21]データをとってきたとしましょう。脳の領域ごとに活動の時系列データが得られるので，10個の領域をまとめて分析する場合，10個の変数の時系列を同時に扱う必要があります[22]。一つ一つの変数は実数の値[23]をとるので，10個の値を全て組にしたものを考えると想像できないほど多様な状態の可能性があります。このデータは，各時刻で10個の値が組になったものとして表されます。この10個の値を生成する確率モデルを各モジュールに持った混合分布モデルを用意します[24]。つまり，脳の活動は各時刻でいくつかある状態のうちどれかの状態にあって，データはそれに応じて決まった確率分布から生成されている，というモデル化を行います。今回のモデル化では，5つの状態が存在するという

---

18) 説明のために「モジュール」と書いていますが，これは正式な専門用語ではないので注意してください。

19) 「状態空間モデル」は非常に広い概念で，これ意外のさまざまなモデルも含みます。詳しくは7.3節。

20) 厳密には，脳活動に起因する何らかの量を測定したものの事です。今回はfMRIという脳の血流に起因する信号データを分析しています。

21) 時系列とは，何かの量が変化していく様子を時間の経過にしたがって継続的に観測したもののことです。このようなデータの扱いについては，第7章をご覧ください。

22) これは非常に難しく，現在もさまざまな手法の開発が進んでいます。これまでにこれを回避する方法として，「領域を2つずつとってきてその間の相関などを見る」という方針が主に採用されてきました。

23) 実数の変数は**連続変数**（continuous variable）といって，取りうる値のパターンに（非可算）無限個の可能性があります。反対語は**離散変数**（discrete variable）で，これは1, 2, 3と数えられるものを指します（普通，有限の個数のものを指す場合が多いですが，定義上は（可算）無限個の可能性があっても構いません）。

24) ここでは説明のため，あえてモデルの具体形を示さずに進みます。詳しい読者の方は，ガウス混合分布（Gaussian mixture model）を想像してください。また，隠れマルコフモデル（hidden Markov model）もこの目的でよく使用されます。

ことが決まっているとしましょう。このモデルによってデータを表現すると，その潜在変数を見ることで，データの各時刻で，脳がこの状態1から状態5のどの状態にあるかを推定することができます。結果として，もともとは高次元の連続値

---

図2.4.4　脳のデータを数理モデリングにより変換した例

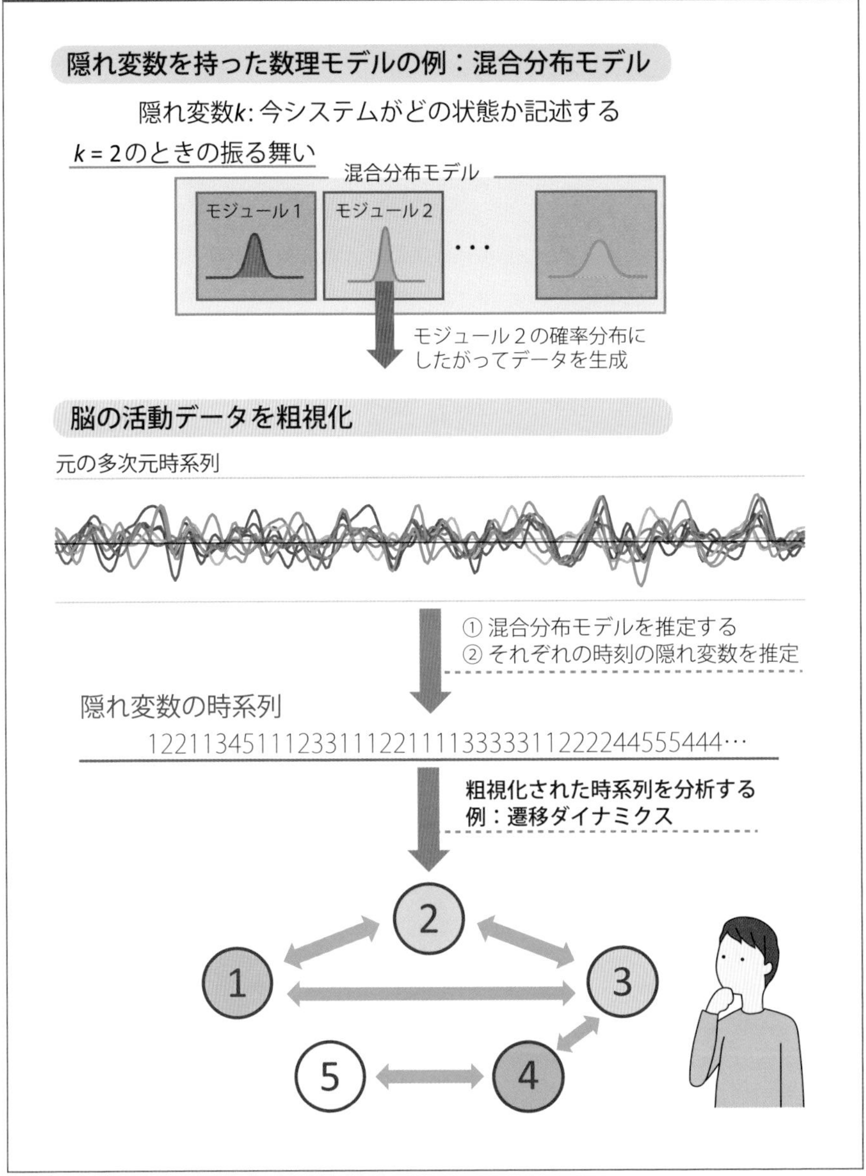

### 隠れ変数を持った数理モデルの例：混合分布モデル

隠れ変数$k$：今システムがどの状態か記述する

$k = 2$のときの振る舞い

混合分布モデル

モジュール1　モジュール2　・・・

モジュール2の確率分布にしたがってデータを生成

### 脳の活動データを粗視化

元の多次元時系列

① 混合分布モデルを推定する
② それぞれの時刻の隠れ変数を推定

隠れ変数の時系列
1221134511112331112211113333311222244555444…

粗視化された時系列を分析する
例：遷移ダイナミクス

だったデータが，1次元の離散値の時系列に変換されます（図2.4.4）。

　このようにして扱いやすくなったデータをさらに分析することで，いろいろなことがわかります。例えば，データの中で状態の間の遷移（移動）がどれくらい発生するかを測定すれば，ダイナミクス[25]を定量的に評価することができます。最近ではこのようにして，脳の活動ダイナミクスからその機能を説明しようという研究が進んでいます。

　このように，データをよく表現する数理モデルは，人間の理解しづらい部分を数理構造がまとめてくれるので，うまく使えば人間の理解が可能な低次元の表現を得ることができます。

## (4)数理モデルのパラメータを変化させた状況をシミュレートする方法

　最後に紹介するのは，数理モデルのパラメータに**仮想的に現実の状況とはあえて異なる値を入れたものの振る舞いをシミュレートする**ことによって，対象の理解を深める方法です。具体例を見てみましょう[26]。なお，ここではモデルの詳細は重要ではないので，興味のない読者の方は流し読みしていただいて構いません。

　今回は「セルラーゼ」という酵素の話題です。このセルラーゼは，セルロース[27]という植物の細胞壁を構成する物質（食物繊維といえばわかりやすいかもしれません）を分解して，セロビオースという糖を作ります。この分解を効率よく行うことができると，植物をバイオエタノールなどの資源として利用できるため，エネルギー問題解決のための方策として有力視されています。しかし，残念ながらこの分解反応は非常に遅く，しかも酵素を増やしても何故か反応速度が速くならないということが知られています。この分解反応は次のような流れで進行するとされています（図2.4.5）。

---

25) 時間に伴って変化する動的な振る舞いのことを，**ダイナミクス**（dynamics）といいます。
26) このモデルついての詳細が気になる方は，手前味噌ですが次の論文をご参照ください。T. Ezaki *et al.*, *Phys. Rev. Lett.* 122, 098102（2019）
27) セルロースは，水素結合により結晶化しているおかげで非常に硬く，化学的に非常に安定しているので簡単には分解できません。わざわざ酵素を使う方法が検討されているのはそのためです。

(1)セルラーゼ分子がセルロースの表面に近づく

(2)セルロース結合領域という領域を使ってセルロースにくっつく

(3)触媒領域という領域がセルロースの鎖を掴む

(4)分解を始める

　興味深いことに，このセルラーゼ分子は，単体では非常に速い速度で分解を行うことができるのですが，たくさん集まると全体の反応速度が数百分の一に激減するという現象が起こります。このミクロな反応速度とマクロな全体の反応速度の食い違いは，どこからくるのでしょうか？

　この集団現象を理解するのには，数理モデルが役立ちます。

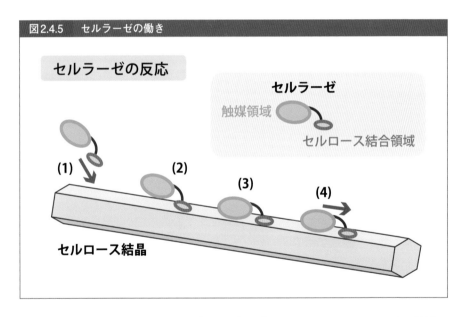

図2.4.5　　セルラーゼの働き

セルラーゼの反応

セルラーゼ

触媒領域

セルロース結合領域

(1)　(2)　(3)　(4)

セルロース結晶

　このセルラーゼ分子一つ一つがどのように動いているのかについては，最近の研究で詳しく明らかになってきています。ここで紹介するモデルでは，車の渋滞の例で行ったように，一つ一つのセルラーゼ分子の動きをモデリングし，同時に沢山動かすというモデルを採用します（図2.4.6上段）。パラメータの値は実験によって測定された値から，ある程度自動的に決定することができます。

　このモデルから計算される分解速度を調べると，反応速度が著しく低下する様

子が定量的に良く再現されることがわかります（図2.4.6中段）。したがって，このモデルは現象の本質的なメカニズムを捉えている，という論理を立てます[28]。

　さて，ここからが本題です。現象の再現はできましたが，なぜそのような現象が起きているのかは依然わかりません。このモデルのパラメータには，セルラーゼ分子の動く速度，セルロースに吸着するときの速度，分子の大きさといったさまざまなものがありますが，これらの値は，実際のセルラーゼ分子を測定することで決まる値にほとんど固定されています。しかし，仮想的にこれを変化させてみたらどうなるか調べてみます。

　この例では，セルラーゼ分子の各領域の大きさを変化させると分解反応の速度が著しく上昇することがわかります（図2.4.6下段）。つまり逆にいうと，現実のセルラーゼ分子の反応速度が遅いのは，分子の大きさの値が原因であるということになります。この研究ではこれをもとにして，酵素同士が互いに邪魔をして反応が開始できなくなるというメカニズムが明らかになりました。

　このように，信頼できるモデルにおいては，仮想的にパラメータの値を変化させてその振る舞いを調べることで，現実のメカニズムに迫ることができるのです。

---

28) これには，常に「たまたま一致しただけかもしれない」という批判が付きまといます。この研究ではさまざまな角度から幾重にも現象が再現されることを確認することで，出来るだけ説得力を持たせるようにしています。

図2.4.6　セルラーゼの働きをモデリングした例

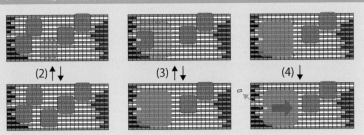

## セルラーゼの動きを確率的に記述した数理モデル

## 数理モデルによって実験データを説明

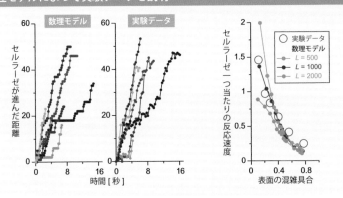

## 仮想的な条件についてシミュレート

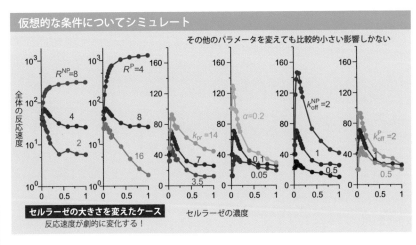

# 2.5 応用志向型モデリング

## 数理モデルのデータ生成能力を活用する

応用志向モデリングでは，数理モデルから出てくるデータ出力を使います（図2.5.1）[29]。応用には大きく分けて，2つの種類が考えられます。それが，**予測**（prediction）と**生成**（generation）です。

**「予測」は，数理モデルを作った時に使ったデータとは異なる状況において，何らかの量を当てることです。**例えば，明日の天気を予想するのも予測ですし，顧客の情報からその人の興味のありそうな商品を推定して提案するのも予測の例といえます。

一方で，「生成」は，**数理モデルを作った時に使用したのと同じような（しかし，完全に同じではない）データを出力することです。**これをうまく活用すると，機械翻訳や写真の加工といった強力な応用が可能になります。

それでは，これらの応用についてもう少し詳しく見ていきましょう。

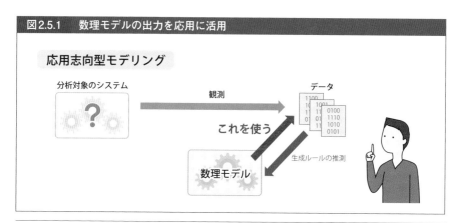

**図2.5.1　数理モデルの出力を応用に活用**

応用志向型モデリング

分析対象のシステム　　　観測　　　データ

これを使う

数理モデル　　　生成ルールの推測

---

29) 数理モデルの定義となる「変数＋数理構造＋パラメータ」のどこに「出力」があるのかということが気になった読者の方もいらっしゃるかもしれません。「出力」とは，数理モデルの中の一部の変数を出力変数と名付けて，その値を人間が拾ってくることに対応します。同じく，「入力」は一部の変数を入力変数として，人間が指定することに対応します。本書ではこのように，モデルと人間のデータのやり取りについては，数理モデルの定義とは別階層の問題であるという立場をとります。

## 予測モデルの例1：値の予測（回帰）

前の章で見た，睡眠時間と仕事のパフォーマンスの例を思い出してみましょう。この例では，Aさんの仕事のパフォーマンス（$Y$）を，睡眠不足の時間数（$X$）を使って

$$Y = -7.1X + 107 \qquad (2.5.1)$$

という式で表現することができました。この式を作るために使ったのは，睡眠不足の時間数 $X = 0, 1, 2,..., 8$ という一時間刻みのデータです。ではこの式を使って，$X = 4.5$ のときの仕事のパフォーマンスを予測してみましょう。これは簡単で，式（2.5.1）に $X = 4.5$ を代入することで，$Y = 75.05$ と推定することができます（図2.5.2）。

このように，**データによく合ったモデルは予測のための道具としても利用する**
**ことができます。**

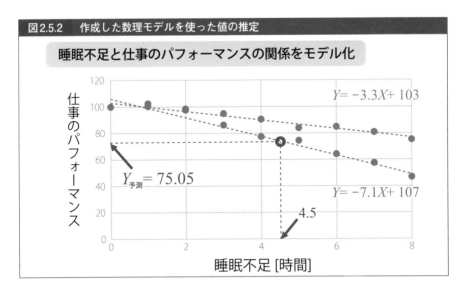

図2.5.2　作成した数理モデルを使った値の推定

この例は非常に簡単なケースですが，予測がうまくいっている理由を考えてみましょう。それは，いま求めたい $X = 4.5$ の近くの点である $X = 4$ と $X = 5$ のデータ点において，モデルとデータがよく一致していて，その間の変化がなだらかであるからです。

　多くの場合，自然界に存在するものを測定した量は，連続的に変化します。つまり，条件を極めて細かく少しずつ変えていったときに，いきなり大きく変化したりしないということです[30]。したがって，そういう場合には，十分にデータ同士の間隔が近ければ大体似たような値が出てくることを期待してもいいということになります。このようにして観測データ点の間にある値を推定することを，**内挿**（ないそう：interpolation）といいます。

　この式は有用であることがわかりましたが，どんな場合にも適用可能なのでしょうか？　例えば，ここで$X = -4$としてみましょう。睡眠不足の時間数がマイナス，つまりいつもより睡眠時間を多く（$8 + 4 =$）12時間とったことを意味します。これをそのまま式に当てはめると，パフォーマンスの値は$Y = 135.4$となり（！），通常より30%以上もパフォーマンスが向上するという結論になります。つまりこのモデルでは，寝れば寝るほどいいということになってしまいます。

　これは明らかに現実と乖離していますよね。なぜこのようなことが起きたのでしょうか？

　それは，数理モデルを作ったときにデータが存在していない領域について予測を行おうとしているからです。これを，**外挿**（extrapolation）といいます。一般に，外挿すると内挿するよりも予測の精度が悪くなります。今回のような単純な例ではわかりやすいですが，モデルが複雑になったり，変数の数が多くなったりすると，このような差を見極めるのが難しくなります。

## 予測モデルの例2：分類問題

　次に予測の例として紹介するのが，**分類**（classification）です。これは，与えられたデータがどのカテゴリ（クラスともいいます）に属するのかを答える問題です。例えば，手書きの数字や会話の音声から，それが何の文字なのかを読み取る問題，医療における画像診断，クレジットカードの不正利用の検出など，これに含まれる応用は非常に多様です（詳しくは第8章で説明します）。

　分類に使う変数の値を，**ラベル**（label）と呼びます。手書きの1桁の数字画像

---

30）もちろん，例外は存在します。

を読み取る問題では，0から9までの数字がラベルとなります。このようなラベルのデータが取得できる場合，そのラベルと入力データ（ここでは手書きの数字の画像）の間の対応をつけるモデルを作ります。これを，**教師あり学習**（supervised learning）[31]といいます。それぞれの画像をどの数字に分類すればいいのかを，毎回データがモデルに教えてくれているということですね。

一方で，ラベルが潜在変数となっていて，観測できない分類問題も存在します。このような場合でもデータの散らばり方をもとに，いくつかのまとまりに分けることで分類が可能になることがあります。これを，**クラスタリング**（clustering）といいます[32]。

このように，ラベルがわからないときに分類を行う分析は，**教師なし学習**（unsupervised learning）にカテゴライズされます。

例えば，手書きの数字を読み取る課題を教師なし学習で行うこともできます（図2.5.3）。この場合，数理モデルは見た目が似ている画像をひとまとめにする方法を学習します（それが何の数字なのかという情報は与えていないので，モデルの中にその情報はありません）[33]。このモデルに新しく6の画像を入力すると，他の6の画像たちと同じカテゴリであることを教えてくれます（図2.5.3）。最近では，スマートフォンで撮った写真が勝手に人物ごとにフォルダ分けされていたりしますが，それもこの教師なし学習で，同じ人物と思われる写真をカテゴリ分けしているのです。

---

31) ここでは，数理モデルを構築することを学習と呼んでいます。これは機械学習の分野の言葉遣いで，**データからモデルを構築する**という，データ駆動型のニュアンスを強く感じさせます。本書では，このように分野ごとに使われる言葉遣いを違和感のない程度に使い分け，できるだけそれを明示するという方針をとります。
32) 脳のデータを，潜在変数を使って5つの状態に粗視化する例を紹介しましたが，これもクラスタリングの一種です。クラスタリングはデータの構造を見やすくする側面を持っており，理解志向型のモデリングとしても利用されます。
33) ここでもモデルの詳細については割愛します。この話題については，第8章で詳しく説明します。

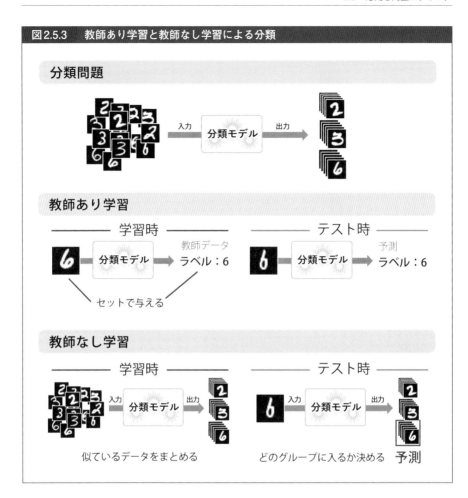

図2.5.3 教師あり学習と教師なし学習による分類

## 分類問題

入力 → 分類モデル → 出力

## 教師あり学習

── 学習時 ──

分類モデル → 教師データ ラベル：6

セットで与える

── テスト時 ──

分類モデル → 予測 ラベル：6

## 教師なし学習

── 学習時 ──

入力 → 分類モデル → 出力

似ているデータをまとめる

── テスト時 ──

入力 → 分類モデル → 出力

どのグループに入るか決める 予測

## 生成モデルを使った応用

　2018年10月，アメリカの有名なオークションであるクリスティーズで，「AIが描いた絵画」として出品された作品が約4900万円もの高値で落札され，話題となりました。この絵画は，敵対的生成ネットワーク（GAN；generative adversarial network）[34]という**生成モデル**（generative model）を使って描かれたものです。生成モデルは，学習データ[35]がどのようにして生成されているのか**そのもの**を学習します（図2.5.4）。つまり，データの作り方を真似するということです。

---

34) 詳細については，8.5節で紹介します。
35)「AIが描いた絵画」の例では，14世紀から20世紀に描かれた1万5000点もの肖像画のデータを使用しています。

この生成モデルを使うとどのようなことができるのか，いくつか紹介していきましょう。

生成モデルの応用として代表的なものが，画像に関する応用です。人物の写真やアニメのキャラクターなどのデータセットから，存在しない新たな画像を非常に高解像度で生成することはもちろん，写真をイラストに変換したり，白黒の画像に色を付けたりとさまざまな応用が知られています。また，脳の活動データから，その人が見ている画像を推定する際のデコーダーとして利用されたりもしています。

また，自然言語処理の領域においても応用が進んでいます。自動翻訳はもちろん，絵や動画の情報からその内容を説明するスクリプトを生成したり，会話応答やある程度まとまった文章の生成なども可能になってきています。

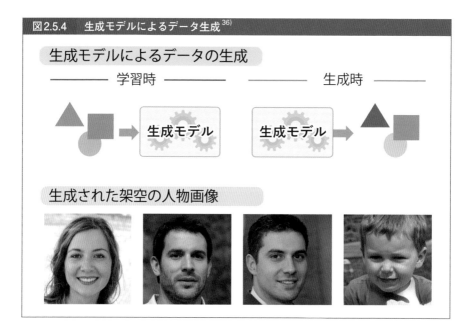

図2.5.4　生成モデルによるデータ生成[36]

---

36）"This person does not exist" というウェブサイト（https://thispersondoesnotexist.com/）で，GANからランダムに画像を生成して使用しています。

# 2.6 数理モデルの限界と適用範囲

## 「正しい」数理モデル?

　ここまで「数理モデルで何ができるのか」について，うまくいった例を示しながら簡単に紹介してきました。しかし，**もちろん数理モデルは万能ではありません。**

　数理モデルは，仮定した数理構造をデータに合わせたものです。したがって，数理モデルは**どこまで行っても現象の近似的な記述にしかなりません。**それはたとえ，既に確立した物理学の理論であってもそうです。私たちが，ある数理モデルを採用する理由は，それが最も目的を達成するのに（理解につながる，実用上の性能が良い，等の理由で）都合が良いからであって，それが**「正しい」からではないことに注意が必要です。**どんなに確立されたモデルでも，より良いものが見つかれば，それに取って代わられる運命にあります。数理モデルを構築すると，いかにもそれが正しそうに見えてしまい，無意識的に**現実のデータがモデルから生成されていると思い込んでしまう**ことがあります。これは「ピグマリオン症」という名前がついているほど，よく陥ってしまいがちな誤解です。

　自分の取り組んでいる問題に対して数理モデルを作ると，一仕事した気分にはなりますが，実は，数理モデルはそれ自体では何もしてくれません。研究の世界でも，「○○の振る舞いを模擬した数理モデルを作りました（以上）」という研究発表を目にすることがあります。複雑な対象を模擬したモデルを作っても，**それは複雑な対象がもう1つ増えただけであって，何も解決しません。**大切なのは，**そのモデルを使って何がしたいかです。**本書で解説するように，理解を目指すのか，応用を目指すのかによって，モデルの組み立て方は変わってきます。目的を持たずに作られた数理モデルは，残念ながら何の役にも立たないのです。

## 良い数理モデルも，いつも正しいとは限らない

　次に，仮に目的に沿っていて，データをよく記述するモデルができたとしましょう。しかし，これを使って何か分析・応用を行う際には「**データが得られたとき**

の状況が，説明・応用しようとしている状況と同じはずである」ということが，暗に仮定されていることに注意してください。

　例えば，自然法則に関する数理モデルであれば，地球上のどこでも（極端な環境でない限り）大体同じように適用できる，とみなしてもいいかもしれません。しかし一般には，（例えば，過去のデータから未来に関する予測を行うときなど）モデルの適用時には前提となる状況が異なってしまっているかもしれません。

　また，既に少し述べましたが，**数理モデルを構築したときに使ったデータの範囲の外にある状況については，数理モデルの精度は保証されない**ということにも留意する必要があります。仕事のパフォーマンスの例で示したような，変数が少ない問題であれば，こうした状況に簡単に気づくことができますが，実際の多変数の問題では盲点になりがちです。例えば，人材や教育の分野では，学習データに含まれないような突出した才能を持った人材に誤った判断を下してしまうことがあるかもしれません。また，未曽有の大災害や経済恐慌，異常気象といった極端な例外事象に対しても，同じような問題が発生することが考えられます。特に，損失が大きくなりうる場面で数理モデルを活用する場合，その適用可能範囲やリスクに対する頑強性について正しく評価を行うべきです。

## 第2章のまとめ

● 数理モデルとは，注目する量を表した変数たちの関係性を数理的に表したもののことである。

● 変数間の関係性は，モデルの骨組みである数理構造とその可動域を決めるパラメータで決まる。

● 数理モデルは，使用される目的に応じて理解志向型モデリングと応用志向型モデリングに分けられる。

● 数理モデルは万能ではない。目的や適用範囲を誤ると，役に立たないだけでなく，誤った結論を導く危険性もある。

## 第一部のまとめ

　ここまでで，数理モデルによって何ができるのか，分析の目的・方法にはどのような種類があるのか，また，どういったことに気をつけなければならないかについて見てきました。モデルの適用範囲やパフォーマンスは，具体的にどのような数理構造を用意するかで大きく異なります。

　次の第二部では，さまざまなモデルの数理構造において骨格部分をなす，基礎的なモデルについて解説していきます。ここで紹介する数学的な基礎は，モデルの適用範囲を決める際の重要なファクターになります。少し数式による議論が増えますが，そのような視点で読んでいただければ，より理解が深まるのではないかと思います。

# 第二部
## 基礎的な数理モデル

第二部では，数理モデルにおいて重要な基礎概念である，関数のフィッティング，微分方程式，確率過程，統計解析について説明します。これらはいずれも立派な数理モデルですが，次の第三部で登場する，より高度なモデルたちの基礎部分にもなっています。これらの内容をしっかり理解していれば，大抵の数理モデルの定義を理解することができるようになるでしょう。また，最適化や制御理論，システムの安定性といった，通常のデータ分析の文脈では扱われない内容についても簡単に関連を紹介します。

第 3 章

# 少数の方程式によるモデル

ここから，本書で扱う数理モデルの土台となる数理構造や，基礎的な概念について，数学的な準備をしながら解説していきます。この第3章ではまず，変数の間の関係が少ない数の方程式で記述される数理モデルについて紹介します。これらのモデルでは，解析的な分析ができたり，変数たちの値をうまく設定することによって特定の変数の値をコントロールできるなどの利点があります。

# 3.1 線形モデル

## 変数の間の関係を等式で表現する

　まずは，数理構造が変数の方程式となっている数理モデルを紹介します。この形のモデルは，数理的に扱いやすく，変数同士の関係や影響の度合いを分析するのに活用されます。こうした単純なモデルでも，深い洞察につながることがあります。

## 線形モデル

　もっとも簡単な数理モデルとして，変数同士の関係が，足し算・引き算・定数倍だけで表現されているモデルを考えましょう。これを**線形モデル**（linear model）といいます。逆に，変数同士の掛け算や割り算，三角関数や指数関数など単純な足し算で表せない項が入っているモデルを，**非線形**（nonlinear）なモデルといいます。線形モデルの中でも一番簡単な2変数のモデルは，これまでにも何回か登場しています。

$$Y = aX + b \tag{3.1.1}$$

ここでは，$X$と$Y$が変数で，$a$と$b$がパラメータでした。

　この式の変数が増えたらどうなるでしょうか？　例えば，ある人の体重を表現するのに，身長だけでなく体脂肪率やその他の要因も含めてモデル化したいとします。このために，目的変数$Y$を表現する説明変数をたくさん用意しましょう。これらを$X_1, X_2,..., X_n$と書くことにします。これらのそれぞれが，$X_1$:身長，$X_2$:体脂肪率，…，といった個別の要因に対応します。

　このとき，式の形は

$$Y = a_1 X_1 + a_2 X_2 + \cdots + a_n X_n + b \tag{3.1.2}$$

となります。変数の影響力を決めるパラメータ$a$は変数ごとに用意します。

## 線形モデルを求めるには

さて，このモデルのパラメータの値をどのように決めたら良いでしょうか？

モデル化を行いたい問題設定として，あるグループに属する個人全員分について，体重や身長，その他の説明変数のデータが取得できているとします。まず，そのデータの中の1点，例えばAさんのデータをとってきます。Aさんの体重が $y$〔kg〕，身長が $x_1$〔m〕，体脂肪率が $x_2$〔%〕，…といった要領です[1]。パラメータについては値がまだよくわからないので，適当な値を入れておきます。ここでは説明のために，例えば全部1としてしまいましょう。すると，現時点でモデルが予測する体重は

$$Y_{予測} = 1 \cdot x_1 + 1 \cdot x_2 + \cdots + 1 \cdot x_n + 1 \tag{3.1.3}$$

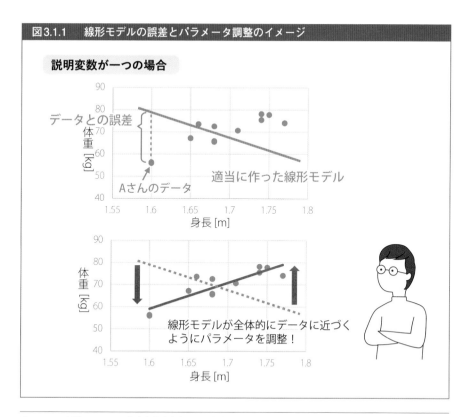

**図3.1.1　線形モデルの誤差とパラメータ調整のイメージ**

**説明変数が一つの場合**

データとの誤差

Aさんのデータ

適当に作った線形モデル

線形モデルが全体的にデータに近づく
ようにパラメータを調整！

---

1)　ここでは実際のデータの値を表す文字として小文字の $x_1, ..., x_n, y$ を用います。それぞれ対応する大文字の変数の値を意味します。（例：AさんのYの値は $y$ で，$X_1$ の値は $x_1$）

61

と計算されますが，当然これは実際のＡさんの実際の体重$y$とは全く異なっています。この状態から，パラメータの値をもっと良い値に調整して，モデルが予測する値が実際の値と近くなるようにしたいです（図3.1.1）。さらに，Ａさんのデータだけではなくて，別の人のデータについてもうまく説明するモデルを作りたいです。というわけで，すべてのデータを加味して，モデルが予測する値と，実際の値の差が小さくなるようにパラメータを決めるという方針が良さそうです。

## 最小二乗法

　それでは，データ点ごとに「モデルから予測される値」と「実際の値」の差を計算してみましょう。データがたくさんあるときに，これらの誤差[2]全体を捉えるための方法として，「平均する」という方針が考えられます。しかし，普通に平均してしまうと，プラスの誤差を持っているデータ点とマイナスの誤差を持っているデータ点が打ち消しあって，全体の誤差をうまく捉えられません。そこで，**誤差を二乗してから平均した関数**を考えます（図3.1.2）。

　この関数では，$X$と$Y$には実際のデータの値，つまりただの数字が入っていますから，パラメータだけの関数になっています。今の問題はこのパラメータたちを調整して関数を最小化することですから，簡単な計算によって答えを得ることができます（図3.1.2）。パラメータがたくさんあるときでも，この誤差の式はそれぞれについて高々二次式ですから，計算を遂行することができます[3]。このようにして二乗誤差を最小化する方法を，**最小二乗法**（least squares method）といいます。これは数理モデルにおいてパラメータを決定するときに重要な考え方で，本書でも何度も出てきます（詳細については第13章で解説します）。

　式（3.1.2）のような多変数の線形モデルを求めることを，**重回帰**（multiple regression）といいます。重回帰モデルについても，同じように最小二乗法によってパラメータの値を求めることができます。

---

[2]　真の回帰式からデータの値までの差を**誤差**（error），実際に回帰で得られた回帰式からの差を**残差**（residual）と呼ぶ用語の使い分けが存在します。ここでは日常語の意味として使用しています。

[3]　ある説明変数と別の説明変数が常に同じような値をとっていたり，ある説明変数が別の説明変数たちの線形和で表される場合を考えましょう（**多重共線性**といいます）。このとき，目的変数を表すのにどちらの説明変数を使ってもよい（し適当に混ぜ合わせて使ってもよい）という状況が発生します。こうなってしまうと，求めるパラメータの値に任意性が生じることで計算が不安定になります。これを避けるために，そのような変数は事前に除いておくことが重要です。多重共線性の指標として，VIF（variational inflation factor）というものも知られています。

**図3.1.2  最小二乗法によるパラメータ推定**

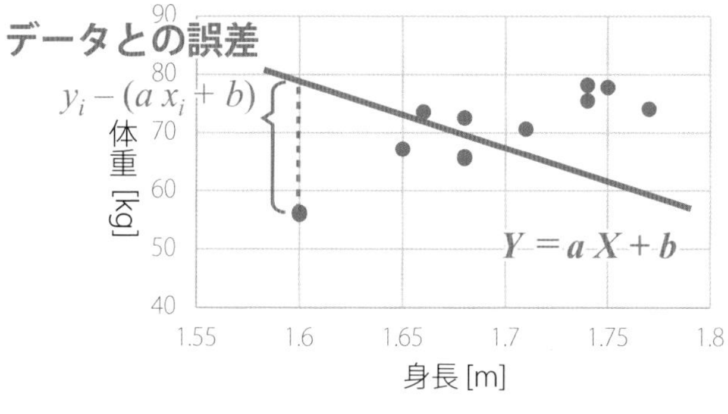

データとの誤差
$$y_i - (a\,x_i + b)$$

体重 [kg]

$$Y = a\,X + b$$

身長 [m]

全体の誤差を最小にする
パラメータを決定

$$L = \frac{1}{N} \sum_{i=1}^{N} \underbrace{[y_i - (ax_i + b)]^2}_{\text{各点での誤差}}$$

$$\hat{a} = \frac{\sum_{i=1}^{N}(x_i - \bar{x})(y_i - \bar{y})}{\sum_{i=1}^{N}(x_i - \bar{x})^2}$$

$$\hat{b} = \bar{y} - \hat{a}\bar{x}$$

# 3.2　実験式・カーブフィッティング

## BMIと数理モデル

　身長と体重から計算されるBMI（body mass index）は，私たちが痩せているか太っているかを測る指標として広く利用されています。これは体重の値（kg単位）を身長の値（m単位）の二乗で割り算したものです。これは一見あやしい（？）計算ですが，どのように正当化されるのでしょうか？

　実は，いろいろな人の身長と体重のデータをとって調べてみると，成人の身体においては平均的に，

$$体重〔\mathrm{kg}〕＝（定数）×身長^2〔\mathrm{m}〕 \qquad (3.2.1)$$

という関係式が成り立つことが知られています[4]。この定数の値は，身長にほとんど依存しないので[5]，身長が異なっていても同じ基準を適用できるというわけです。

## べき乗則による特徴づけ

　このような，ある変数の値が別の変数の値の何乗かに比例する，という関係（数式では$Y \propto X^a$のように表現します）を**べき乗則**（power law）または**スケーリング則**（scaling law）といいます。この「何乗」という指数を決めているメカニズムを考えると，本質的なことがわかる場合があります。BMIの例では，仮に単純に身長の分だけ相似的に身体が大きくなったとすると，体積（≒体重）は身長の3乗で増えるのが自然ですよね。しかし，2乗のほうがデータをよく説明するということは，生物の体の大きさを考える上で見落としている別の要因があることがわかるわけです[6]。

---

4)　1つ前の例では，体重を身長の一次関数として表現していましたが，それが駄目というわけではありません。どのモデルを選択するべきかは目的によって異なるからです。詳細については第四部で解説します。

5)　実は，このBMIの定義だと，高身長の人ほど肥満にカテゴライズされやすいという問題が指摘されており，改良した指標（"New BMI"）も提案されています。ご自身のBMIの値が不服な方は，そちらも計算してみてはいかがでしょうか。

6)　ちなみに，胎児の発達段階ではこの3乗則がよくあてはまるそうです。

## 対数プロットでべき乗則を探す

このようなべき乗則を探すためには，着目する2つの変数のデータを両対数グラフでプロットします。両対数グラフとは，両方の変数の値の対数（log）をとってからプロットするものです（図3.2.1）。このようにすることで，$Y = aX^a$という形だった式が

$$\log Y = \alpha \log X + \log a \tag{3.2.2}$$

という形になり，$\log Y$と$\log X$の値をグラフにして直線の傾きを見ることで$\alpha$が求まるという仕組みです。もちろん，このプロットをした時点でデータが直線上に並んでいなかった場合は，このような解析は行えません。その場合でも，同じようにして片対数プロット（片方の変数だけ対数をとる）を描いてみると，別の指数関数的な関係式が見つかることもあります。

なお，「何かがべき乗則の関係にある」という議論は，データの数や変数の範囲が不十分だと，誤った結論を導くことも多いので注意が必要です。

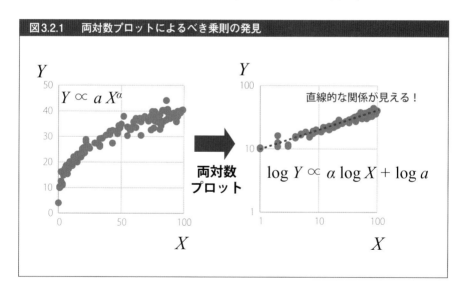

図3.2.1　両対数プロットによるべき乗則の発見

## 実験式

ここまでは，解釈がしやすい簡単な関数をデータに当てはめた例を紹介してきました。実際のデータの振る舞いがそこまで単純ではない場合，よりデータによ

く合う複雑な関数を用いて説明することで現象の理解につながったり[7]，システムを制御するのに利用できたりします。このような数理モデルを，**実験式**（experimental formula）または**経験式**（empirical formula）といいます。この方法では，表現されるデータにあまりばらつきがなく，仮定した式が精度良くデータと一致していることが求められます。

　このような実験式を求めるには，まずデータの見た目から使用する関数を決めなければなりません。よく使用されるのは多項式や指数関数ですが，必ずしもこれに限る必要はありません。関数を設定した後は，モデルの中にあるパラメータの値を設定します。線形モデルの例で見たように，ここでもデータと式との間の誤差が最小となるように計算します。現在では，この計算を実行するためのさまざまなソフトウェアやフリーのライブラリ（python，R など）が存在していて，簡単に実行できるようになっています。

---

7)　歴史的に有名な例としては，プランクの法則があります。プランクは「もし式がこうだったら，黒体放射スペクトルの実験データをよく説明できる」という形で，ある実験式を発表しました。実は，この式は正しく本質を捉えたもので，後の量子力学の発展に大きく貢献しました。

# 3.3 最適化問題

## 目的の量をコントロールする

　現実の問題において，何かコントロールしたい変数が，自由に動かせる別の変数によってよく表現できたとしましょう。データ解析を必要とする現場においては，動かせる変数たちの値を適切に設定することで，ある量を最小化（最大化）したいという状況がよく発生します。これを**最適化問題**（optimization problem）といいます。最適化については問題に応じてさまざまな方法が知られていますが，本書では数理モデルの文脈を重視し，概要を掴んでいただくところまでを目標とします[8]。まず，簡単な例として以下のような状況を考えてみましょう。

　ある工場では製品Aを生産しています。この製品Aの1つ当たりの生産コストについて分析します。この工場では生産量が少なすぎると設備の維持費用によって，1つ当たり生産コストが上昇します。また，逆に生産量を多くしすぎると，今度は工場の生産キャパシティをオーバーしてしまい，効率が悪化してしまいます[9]。この状況で生産コストを最小に抑えるためにはどうしたらいいでしょうか？

　この状況をモデル化した結果，製品A 1つ当たりの生産コスト$C$〔円〕が1日の生産量$P$〔個〕の関数として，次のような式で表現できたとしましょう。

$$C = \frac{2000}{P^{0.3}} + 0.05P^2 + 500 \tag{3.3.1}$$

　今の問題は，生産量$P$を調整してこの$C$を最小にすることです。これを，**目的関数**（objective function）を$C$とする**最小化問題**（minimization problem）といいます。今回の場合，これは簡単に実行することができます。この関数の最小値では$P$の変化に対して$C$が変化しない，つまり微分係数が0になることを利用します。この点を求めると，$P \fallingdotseq 44$〔個〕という最適な値を求めることができます

---

8)　実践的な最適化についてのまとまった参考書としては藤沢克樹，梅谷俊治『応用に役立つ50の最適化問題』（朝倉書店）などがあります。

9)　ここでは仮想的にこれ以外のことは考えなくていいという状況を考えます。現実の工場内の状況は一般に極めて複雑で，その最適化は非常に難しいです。

（図3.3.1）[10]。

　このように，目的の量を性質の良い関数で表すことができれば，微分の計算によって最小の点を求めることができます。これは変数の数が増えても同じことです。

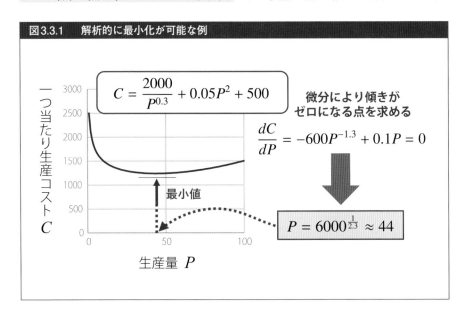

図3.3.1　解析的に最小化が可能な例

## 大域的最適と局所的最適

　1つ前の工場の例では，微分の値が0になる点を求めれば，それが一番良い答え（**最適解**；optimal solution）でした。しかし，目的関数が複数の谷を持っている場合，この条件だけでは候補が複数出てきます（図3.3.2）。この候補の一つ一つは，その周りの点よりも小さい値となっているので，局所的[11]には良い答えとなっています。これを**局所的最適解**（local optimal solution）といいます。最適化問題ではこの局所的最適解ではなく，全体として一番値が小さくなる解（**大域的最適解**；global optimal solution）を探すことを目指します。

　最適化問題が難しくなると，この大域的最適解を求めることが絶望的になるこ

---

10）もちろん，今回のような一変数の例ではこのような計算をせずとも，グラフをプロットすれば一目瞭然ですが，**微分を計算して0になる点を見る**という捉え方は本書の以降でも多用するので，ここで紹介しました。

11）局所・大域の意味で，ローカル・グローバルという言葉遣いも口語ではよく使用されます。

ともあります。例えば，変数についての微分ができなかったり[12]，目的関数の関数形が求められない場合，局所最適となる場所をリストアップすることすら困難になります。その場合，局所最適解でもいいからできるだけ良いものを探す，というアプローチをとることになります。得られる局所解をどれだけ大域的最適解と比較して悪くないように選べるかは，問題の難しさやアルゴリズム[13]によって決まります。

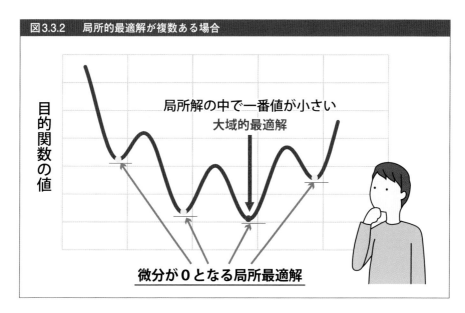

図3.3.2　局所的最適解が複数ある場合

## パラメータ調整も最適化

　この節では，数理モデルの変数を調節して目的関数を最適化する，という文脈で最適化について解説してきましたが，同じような問題は数理モデルにおいて適切なパラメータを設定するときにも発生します。この章の前半でも見たように，ここでは目的関数であるデータとモデルの間の誤差を最小化するという問題になります。一般に，モデルのパラメータの数が多くなったり，モデルの式が複雑になると目的関数が複雑になり，局所最適解に陥ってしまうリスクが高まります。これについては第13章で詳しく解説します。

---

12) 例えば，変数が離散的な値しかとらない場合（離散最適化問題）。
13) 問題の解を得るための計算的な手順を定式化したもののことを，アルゴリズム（algorithm）といいます。

## 最適化を難しくする要素

本書では，個別の最適化問題や最適化手法には立ち入りませんが，どのような要素が含まれていると最適化が難しくなるかについて簡単に紹介します[14]。

> ・変数の満たすべき制約条件（値の範囲や変数同士の依存関係など）が多い
> ・変数が離散的
> ・グラフやネットワークに関する最適化が含まれている
> ・組合せに関する問題が含まれている（組合せ最適化問題）
> ・変数の数や，（離散変数の場合）とりうる値の場合の数が多い
> ・問題に微分不可能な関数，不連続な関数が含まれている

例えば，このような要素が当てはまる問題では，次のような状況が発生し，最適解を求める障害となります。

> ・探索しなければならない空間が膨大になる
> ・微分や，その他の変数を少しずつ変化させて解を探す方法が使えない（または効果的でない）ので，解の候補を探すのが大変になる
> ・大域的最適解と比べて良くない局所解がたくさん存在している

このような問題でも，場合によっては十分に良い精度の解を求めることができる商用のソフトウェアが利用可能であったり，そのような問題に帰着させて解くことができる場合もあります。

---

14) 以下の条件は互いに排他的でなかったり，厳密でなかったりしますが，わかりやすさを重視して列挙しました。

### 第3章のまとめ

● 変数の間の関係性を，変数の定数倍とそれらの足し算で記述したモデル
　を線形モデルという。

● 変数の間の関係性がべき乗で表されるとき，それをべき乗則という。

● モデルの式から予測される値と，実際の値の差を二乗して平均をとった
　ものを平均二乗誤差といい，これを最小化することでパラメータの値を
　決めることを最小二乗法という。

● 変数の値をコントロールして別のある変数の値を最大化（または最小化）
　する問題を，最適化問題という。

第4章

# 少数の微分方程式によるモデル

対象の時間的な変化を捉えるのによく使用されるの
が，微分方程式を用いたモデルです。この章では，
少数の微分方程式によって構成される数理モデルが
どのように構築され，そして分析されるのかについ
て解説します。モデルの複雑さや構造によって，可
能となる理論的な解析の方法は異なりますが，ここ
では多くの問題に適用できる話題を中心に紹介して
いきます。本章では，本書の後半で必要になる数学
的な知識，概念について整備する目的もあるので，
やや技術的な内容が多くなります。

# 4.1 解ける微分方程式モデル

## 微分方程式で時間変化を表す

　対象の時間的な変化をボトムアップ的にモデル化したいときに，まず候補に挙がるのが微分方程式によるモデリングです。前述の通り，微分は「対象とする変数の，何かに対する変化の割合」を表します。この章では，時間に対する変化の割合，つまり**変数が変化する速度に対して方程式を立てる**話を中心に紹介します。微分方程式による数理モデリングでは多くの場合，仮定から演繹的にモデルを構成します。このように変数の時間変化を直接記述したモデルを，しばしば**力学系**（dynamical system）[1]といいます。

## マルサスによる個体数モデル

　典型的な例としてまず，自然界における生物の数（**個体数**；population といいます）がどのように増えていくかについて，モデル化を通じて分析してみましょう。ある生物の個体数を $N$ とします。この生物が子孫を残して個体数を増やす状況を考えます。このとき，個体が増える速さは，時間を表す変数を $t$ として，

$$（個体数の増える速さ）= \frac{dN}{dt} \tag{4.1.1}$$

と $N$ の時間による微分として書けます[2]。マルサス[3]は『人口論』の中で，この速度がその時点の個体数に比例する[4]と仮定して，次のようなモデルを提示しました。

$$\frac{dN}{dt} = rN \tag{4.1.2}$$

---

1) 「力学」という語が入っていますが，物理学の文脈でないものでも力学系と呼びます。

2) これが速度の定義です。個体数は 1, 2, … と数えられる離散変数なのに，微分して良いのかと気になった読者の方もいらっしゃるかもしれません。多くの場合，整数の変数は数が大きくなると，注目している現象のスケールに対して離散的な効果が無視できるようになります。この章のモデリングでは，それを仮定したとして議論を進めます。

3) 経済学者の T. R. Malthus。

4) 「個体数が多ければそれに比例して子孫が沢山生まれる」という自然な仮定です。

　ここで，$r$は個体が増殖する速さを表すパラメータです。非常に単純なモデルですが，ひとまずこれを認めたうえで，この数理モデルの振る舞いを見てみましょう。ここで知りたいのは，「個体数$N$が時間経過によってどう変化するか」ですから，$t$の関数として$N(t)$の具体的な形を求めることを目指します。このように，微分を含む方程式（微分方程式）を満たす関数を（微分や積分を含めない形で）求めることを，**微分方程式を解く**といいます。

## マルサスモデルの解の振る舞い

　上のマルサスモデルは簡単に解くことができて，その解は

$$N(t) = N_0 e^{rt} \tag{4.1.3}$$

と求めることができます[5]。ここで$N_0$は，最初の時点$t = 0$における個体数です。この解は図4.1.1に示す通り，時間とともに爆発的に個体数が増殖するということを示唆します。

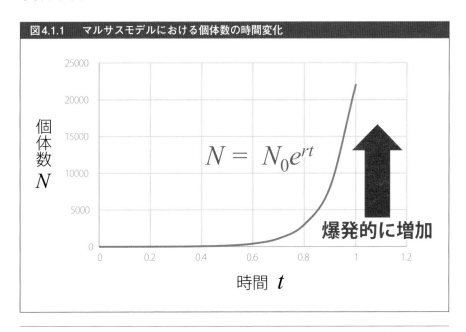

**図4.1.1　マルサスモデルにおける個体数の時間変化**

個体数 $N$

$N = N_0 e^{rt}$

爆発的に増加

時間 $t$

---

[5]　試しにこれを式（4.1.2）に代入してみると（4.1.2左辺）$= (N_0 e^{rt})' = N_0 r e^{rt} = rN(t) =$（4.1.2右辺）となって，この式を満たすことが分かります。ここで「'」は時間に関する微分の意味です。

## 個体数は，爆発的に増え続けたりしない

　もし何らかの生物が，この式にしたがって個体数を増やし続けたら，あっという間に地球上を埋め尽くしてしまうでしょう。しかし，幸いにも実際の生物はそのような速度では増えていないようです。このようにモデルと現実との乖離が生じたのは，モデル化の時に使用した仮定が（少なくとも個体数が大きくなった状況では）誤っているからです。

　よく考えると，個体数が増えたとしても，引き続き同じ速さで増え続けることができる，という仮定は不自然であることがわかるでしょう[6]。生物が繁殖する環境には有限[7]の資源しかありませんから，個体数が増えすぎた場合，個体数が減る方向の力が働くはずです。この効果をモデルに含めたのが，**ロジスティック方程式**（logistic equation）です。この方程式は，個体数増加の速度が，個体数によって変動するとした数理モデルで，次のような式で与えられます。

$$\frac{dN}{dt} = r\left(1 - \frac{N}{K}\right)N \tag{4.1.4}$$

　ここで$K$は環境収容力と呼ばれるパラメータで，何個体までその環境が維持できるかを表します。この式もマルサスモデルと同じく解くことができ，その解は

$$N(t) = \frac{N_0 K e^{rt}}{K - N_0 + N_0 e^{rt}} \tag{4.1.5}$$

と求まります。この関数のことを**ロジスティック関数**（logistic function）といいます[8]。いくつかの生物では，実際にこのロジスティック方程式で個体数変動が非常によく説明されることが知られています（図4.1.2）。

　このようにして，生物の個体数変動についてボトムアップ的に仮定した方程式

---

6)　個体が死ぬことによって個体数が減る効果が含まれていない，という要因もありますが，実はこちらは含めたとしてもパラメータ$r$に吸収されてしまい，根本的な解決にはなりません。1個体が新しい個体を増やす速度より死滅する速度のほうが大きければ，$r < 0$となって，その種が絶滅する状況を表現することはできますが，一定の個体数を維持する解は依然，出てきません。

7)　数学的に無限でないことを表現するのに，「有限の」という言葉遣いをします。

8)　この関数は，数学的な性質や使い勝手の良さからさまざまな分野で登場します。本書でも何度か登場しますが，すべて同じものを指します。なお，この関数に「ロジスティック」と名付けたのは，ロジスティック方程式を考案したP. F. Verhulstですが，なぜそのような名前にしたかについては明確な理由は明らかになっていないようです。

によって，実際の生物の個体数の振る舞いを再現することができました。

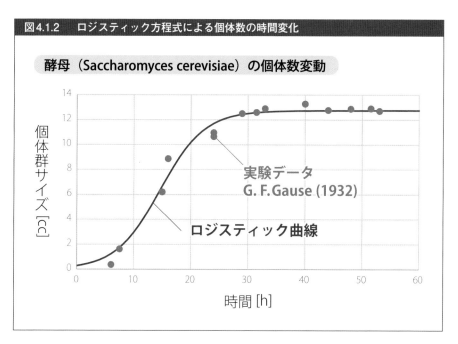

図4.1.2　ロジスティック方程式による個体数の時間変化

酵母（Saccharomyces cerevisiae）の個体数変動

## 簡単な連立線形微分方程式

ここまで導入として，変数が1つの微分方程式を見てきました。もちろん，変数が複数あるときでも，微分方程式のモデルを作ることができます。しかし，一般に変数が増えると，簡単な場合を除いて，これまでに見たような数理的な解析はできなくなります。ここでは，変数が増えても解ける例である，連立の線形微分方程式について簡単に紹介しましょう。

なお，この項は，本書の中では少し数学的な議論が多めの内容になりますが，以後何度も登場する重要な概念を含んでいるので，丁寧に進んでいきたいと思います。

## 2本の連立微分方程式

まず，簡単な例としてパラメータを含まない微分方程式を考えます。2つの変数 $x_1, x_2$ の時間変化が下記の方程式で与えられるとしましょう。

$$\begin{cases} \dfrac{dx_1}{dt} = -x_1 + 4x_2 \\ \dfrac{dx_2}{dt} = -3x_1 + 6x_2 \end{cases} \qquad (4.1.6)$$

　$x_1, x_2$ の時間変化は，現在の $x_1$ の値（ブレーキのような役割）と $x_2$ の値（アクセルのような役割）で決まる，という状況を表した式です。この連立方程式は，例えば片方の変数を消去する方法によって解くことができて，

$$\begin{cases} x_1 = 4C_1 e^{2t} + C_2 e^{3t} \\ x_2 = 3C_1 e^{2t} + C_2 e^{3t} \end{cases} \qquad (4.1.7)$$

と時間の関数として各変数の振る舞いを表示することができます（$C_1$ と $C_2$ は $x_1, x_2$ の初期値によって定まる定数を表します）[9]。先ほどのマルサスモデルの時のように，指数関数が登場していることに注意してください。

## 連立1階線形常微分方程式

　それでは同じように，変数を $n$ 個に増やしてみましょう。パラメータも導入します。

$$\begin{cases} \dfrac{dx_1}{dt} = a_{11}x_1 + a_{12}x_2 + \cdots + a_{1n}x_n \\ \dfrac{dx_2}{dt} = a_{21}x_1 + a_{22}x_2 + \cdots + a_{2n}x_n \\ \qquad\qquad\qquad \vdots \\ \dfrac{dx_n}{dt} = a_{n1}x_1 + a_{n2}x_2 + \cdots + a_{nn}x_n \end{cases} \qquad (4.1.8)$$

この方程式は，どの変数についても同じ掛け算の構造を持っているので，次の

---

9)　微分方程式になじみがない読者の方は，これを式（4.1.6）に実際に代入してみると何が起きているかわかりやすいと思います。

ようなベクトル$x$と行列$A$を用意すると簡略化して表示することができます[10]。

$$x = \begin{pmatrix} x_1 \\ x_2 \\ \vdots \\ x_n \end{pmatrix}, \ A = \begin{pmatrix} a_{11} & a_{12} & \cdots & a_{1n} \\ a_{21} & a_{22} & \cdots & a_{2n} \\ \vdots & \vdots & \ddots & \vdots \\ a_{n1} & a_{n2} & \cdots & a_{nn} \end{pmatrix} \tag{4.1.9}$$

$$\frac{d}{dt}x = Ax \tag{4.1.10}$$

　この方程式は一般に解くことができて，その解は指数を$\lambda t$とする指数関数を含む関数（基本解といいます）の和で表現されます（図4.1.3）。

## 「固有値」の値によって解の性質が決まる

　$\lambda$は行列$A$の**固有値**（eigenvalue）と呼ばれる量で，（あえて非常に）大雑把にいうと，「行列$A$がいろいろなベクトルと掛け算されるときに，それらをどれだけ引き延ばして（and/or回転させて）別のベクトルに変換するか」についての一面を捉えた量になっています。行列$A$の大きさが$n \times n$のとき，固有値$\lambda$は（重複を含めて）$n$個存在しています。この中で1つでも$\lambda$（の実数部分）の値が正の場合，$\lambda t$は時間に応じて正の値で増大していきますから，その指数関数を含む微分方程式の解は最終的に発散します。

　一方，すべての$\lambda$で実数部分の値が負の場合，$\lambda t$は負の値でどんどん小さくなっていきますから，指数関数の値としては0に減衰していきます[11]。

　このようにして，解が時間経過と共に一定の値の範囲に落ち着いてくれるのか，発散して意味をなさない状態になってしまうのかを論じる手法は，本書でもさまざまなところで活躍します。

---

10) このような表示を初めて見た読者の方は，これが式（4.1.8）と一致することを是非確認してください。式（4.1.10）の左辺の微分はベクトル$x$の各要素に独立に作用します。

11) $\lambda$の実数部分が0の場合は，固有値に重解があるかどうか，複素数解があるかどうかに応じて結論が異なります。紙面の都合上本書では割愛しますが，そのような場合に遭遇した時には注意が必要であると覚えておくといいでしょう。

## 図4.1.3　連立1階線形常微分方程式の解に関するまとめ

### 連立1階線形斉次微分方程式

$$
\begin{cases}
\dfrac{dx_1}{dt} = a_{11}x_1 + a_{12}x_2 + \cdots + a_{1n}x_n \\[2mm]
\dfrac{dx_2}{dt} = a_{21}x_1 + a_{22}x_2 + \cdots + a_{2n}x_n \\[2mm]
\quad\vdots \\[2mm]
\dfrac{dx_n}{dt} = a_{n1}x_1 + a_{n2}x_2 + \cdots + a_{nn}x_n
\end{cases}
$$

行列表示 ➡ $\dfrac{d}{dt}\boldsymbol{x} = A\boldsymbol{x}$

### 一般的な解の形

$\lambda_1, \lambda_2, \lambda_3, ..., \lambda_n$: 行列$A$の固有値

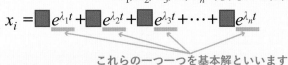

$$x_i = \square e^{\lambda_1 t} + \square e^{\lambda_2 t} + \square e^{\lambda_3 t} + \cdots + \square e^{\lambda_n t}$$

これらの一つ一つを基本解といいます

**それぞれの変数$x_i$は基本解の和で表現されます**

― 注意 ―

● もし、$n$個の固有値のうちいくつかが重複した場合（$\lambda$＝重解）、上記の基本解が被ってしまいます。この時、被った基本解を次のような多項式と指数関数の積で置き換えます

$$te^{\lambda t}, \quad t^2 e^{\lambda t}, \quad t^3 e^{\lambda t}, \ldots$$

● $\lambda$には複素数が入ることもあります。その場合でも式はそのまま適用可能です。指数に虚数が入ると三角関数が出現します。$\lambda = a + bi$とすると、

$$e^{(a+bi)t} = e^{at}(\cos(bt) + i\sin(bt))$$

### 基本解たちの振る舞い

$$
\begin{cases}
e^{\lambda t} \\[1mm]
te^{\lambda t}, \quad t^2 e^{\lambda t}, \quad t^3 e^{\lambda t}, \ldots \\[1mm]
e^{at}\sin(bt), \ e^{at}\cos(bt), \ldots
\end{cases}
$$

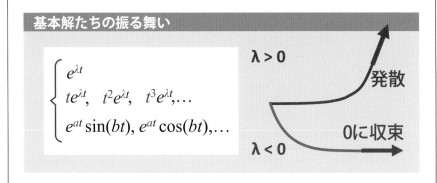

$\lambda > 0$　発散

$\lambda < 0$　0に収束

# 4.2 非線形微分方程式モデル

## 非線形な項を含む微分方程式モデル

　微分方程式は一般に，変数やその微分の間の掛け算を式の中に含んでいると解析的に解くことができなくなります（非線形微分方程式といいます）。しかし，実際のモデリングでは，このような要素を含む複雑な状況を表現しなければならないことがよくあります。この節では，必ずしも微分方程式を解かなくても，振る舞いをある程度調べることが可能であることを紹介します。

## ロトカ・ヴォルテラ方程式

　4.1節では，生物の個体増殖のモデルについて考察しました。これらの数理モデルでは，1種類の生物しか考慮に入れていませんでした。ここでは，**捕食者・被食者**（predator and prey）という，2種類の異なる役割の生物の個体数変動について考えてみましょう。

　例えばライオンとシマウマのような，食う・食われるの関係を想像してください。捕食者（ライオン）は被食者（シマウマ）を餌として食べるので，被食者（シマウマ）の数が減るとそれにつられて数が減ってしまいます。一方で，捕食者（ライオン）の数が減ると，被食者（シマウマ）は被食によって数が減らないので，増えることができます。このようなダイナミクスを考えるための有名なモデルとして，**ロトカ・ヴォルテラ方程式**（Lotka-Volterra equation）というモデルがあります。

$$\begin{cases} \dfrac{dx}{dt} = x(r - ay) \\[2mm] \dfrac{dy}{dt} = y(-s + bx) \end{cases} \qquad (4.2.1)$$

　$x$が被食者の数，$y$が捕食者の数を表します。また，$r, a, s, b$は全て正のパラメータです。4.1節で紹介したマルサスモデルおよびロジスティック方程式と比較する

と，個体が増える速度と減る速度が相手の生物種の個体数に依存している，という式の形になっています（図4.2.1）。連立された方程式のいずれにも，右辺に $xy$ という非線形項が入っています。これによってダイナミクスに複雑性がもたらされます。

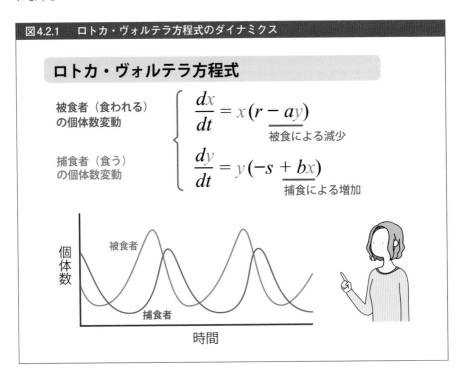

**図4.2.1　ロトカ・ヴォルテラ方程式のダイナミクス**

## 「定常」な状態について考える

ロトカ・ヴォルテラ方程式は，時間変化するダイナミクスを表現したモデルですが，時間変化しない状態（これを**定常解**といいます[12]）について調べると有用なことがわかることがあります。定常な状態においては，定義から，どの変数についても時間変化が0なので，式（4.2.1）で左辺を0とおいた次の方程式が成り立ちます。

---

12）平衡点（equilibrium）ともいいます。定常解は時間的に変化しないという側面に着目した呼び方，平衡点はシステムを駆動する力がバランスしてつりあっているという側面に着目した呼び方です。また，固定点（fixed point）という呼び方をすることもあります。

$$\begin{cases} 0 = x(r - ay) \\ 0 = y(-s + bx) \end{cases} \tag{4.2.2}$$

これは微分を含まない，ただの連立方程式なので，解くことができて，

$$\begin{cases} x = 0 \\ y = 0 \end{cases} \quad \text{または} \quad \begin{cases} x = \dfrac{s}{b} \\ y = \dfrac{r}{a} \end{cases} \tag{4.2.3}$$

という2つの状態が出てきます。

　1つ目の状態は，被食者も捕食者存在しないという自明[13]な状態です。もう1つは，被食者が自然に増える速さと捕食者に捕食される速さが一致し，かつ捕食者が自然に減っていく速さと捕食によって増えていく速さが一致するというバランスが丁度とれている状態を表します。

## 定常解の「安定性」

　**定常解の安定性**（stability）という概念について紹介します。システムの状態が，先ほど見た定常解にあるとします。「**定常解が安定である**」とは，「そこから状態が微小に変化したときに，状態が元の定常解に戻ろうとする」ことをいいます。逆に，微小なずれがどんどん拡大して元の状態を維持できないとき，「**不安定である**」といいます。イメージとしては，状態が谷の底にいるのか，切り立った山のてっぺんにいるのかの違いを想像するとわかりやすいかもしれません（図4.2.2）。

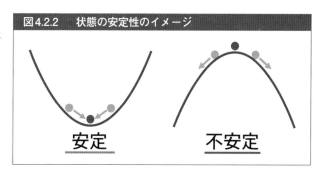

図4.2.2　状態の安定性のイメージ

安定　不安定

---

13) すべての変数が0である，などの方程式が当然満たされる状態を表すときに，しばしば「自明な」解という言葉を使います。

## 安定性を実際に評価する

前の項で求めた定常解の1つである，被食者も捕食者もいない状態

$$x_0 = 0, \ y_0 = 0 \tag{4.2.4}$$

について，安定性を議論してみましょう。この定常解において，各変数に微小に変化を与えた状態を考えます。この微小な変化をそれぞれ $\varepsilon_x$, $\varepsilon_y$ とすると，システムの状態 $(x, y)$ は

$$\begin{cases} x = x_0 + \varepsilon_x \\ y = y_0 + \varepsilon_y \end{cases} \tag{4.2.5}$$

と書けます。これをロトカ・ヴォルテラ方程式（4.2.1）に代入して整理すると，

$$\begin{cases} \dfrac{d\varepsilon_x}{dt} = r\varepsilon_x \\ \dfrac{d\varepsilon_y}{dt} = -s\varepsilon_y \end{cases} \tag{4.2.6}$$

となります。ここで，計算の途中で出てくる二次の項 $\varepsilon_x \varepsilon_y$ は，小さい量と小さい量の掛け算なので，他の項と比較して無視できる，という近似を適用しました[14]。このようにして，$\varepsilon_x, \varepsilon_y$ がどのように時間変化していくのかを記述する方程式を作ることができました。この微分方程式はそれぞれについて簡単に解くことができて，

$$\begin{cases} \varepsilon_x = C_1 e^{rt} \\ \varepsilon_y = C_2 e^{-st} \end{cases} \tag{4.2.7}$$

と解を求められます。$r$ と $s$ は正のパラメータですから，$\varepsilon_x$ は発散，$\varepsilon_y$ は減衰します。つまり，定常解 $(x_0 = 0, y_0 = 0)$ では，被食者の個体数 $x$ に小さなノイズが与えられると，そのノイズがどんどん大きくなってしまい，元の状態を維持できないということになります。したがって，この状態は安定ではない，という結論を

---

14) 小さい変数の二乗以上の項は無視するという，よく使用されるテクニックです。

得ることができます[15]。

## 微分方程式の線形化による解析

このように，定常状態からの[16]微小な誤差についての方程式を作ると，二次以上の非線形な項を無視することができます。つまり，非線形な項をすべて消去することができます。それにより，非線形だった微分方程式が，線形の方程式になったことに注目してください。この手続きを**線形化**といいます。また，それによって状態の安定性を評価することを，**線形安定性解析**（linear stability analysis）といいます。ロトカ・ヴォルテラ方程式は比較的分析しやすい形の非線形微分方程式なので，これ以外にもさまざまな分析が可能です[17]。ただし，それらの手法は一般の複雑なモデルに対しては，必ずしも適用可能ではありません。一方で，この節で紹介した定常解とその安定性についての議論は，かなり汎用性の高い手法ですので，覚えておくとどこかで役に立つでしょう。

## 数値シミュレーション

非線形の微分方程式は，特別な場合を除いて，直接解くことができないということを紹介しました。一方で，数値計算を行うことによって，実際にその方程式に従う状態がどのように時間変化していくのかを見ることは可能です。

再び，ロトカ・ヴォルテラ方程式を見てみましょう（再掲）。

$$\begin{cases} \dfrac{dx}{dt} = x(r - ay) \\ \dfrac{dy}{dt} = y(-s + bx) \end{cases} \tag{4.2.1}$$

---

15) 捕食者だけについて見れば安定です。被食者は，捕食者がいないので数が少なくてもどんどん増えることができるため，$x = 0$という状態が不安定でしたが，捕食者は被食者がいなければ増えることができないので，（この定常解の近くでは）0個体の状態を安定に維持できます。なお，もう1つの方の定常解について同様の分析を行うと，遠ざかりも近づきもせずに振動する解が出てきます。これは安定でも不安定でもない中立安定という状態になります。ここでは文脈を優先して，詳しくは取り上げません。

16) 定常状態でない点の周りで同じ分析を試みると，$x$や$y$の時間微分の項が0でないので方程式に残り，誤差だけの方程式ではなくなるので分析がうまくいきません。定常状態でないときでも，変数の変化速度の方向は計算できるので，ベクトル場としてダイナミクスの特徴を見ることはできます。

17) 参考書としては例えば，今隆助，竹内康博『常微分方程式とロトカ・ヴォルテラ方程式』（共立出版）などがあります。

この方程式は，左辺にある変数の時間変化の速度が，右辺の現在の状態から計算される量として表わされています。例えば，（$t = t_0$で表される）ある瞬間に，$x(t_0) = 1$, $y(t_0) = 2$という状態[18]だったとすると，$x$の変化速度は$r - 2a$, $y$の変化速度は$2(-s + b)$と計算できます[19]。これを使えば，次の瞬間の状態が求められそうです。$\Delta t$という短い時間が経過した後（$t = t_0 + \Delta t$）のことを考えると，この間に$x$と$y$は元の状態から，（先ほど求めた変化の速度）×$\Delta t$だけ変化していますから，

$$\begin{cases} x(t_0 + \Delta t) = x(t_0) + (r - 2a)\Delta t \\ y(t_0 + \Delta t) = y(t_0) + 2(-s + b)\Delta t \end{cases} \quad (4.2.8)$$

と計算することができます。この手続きを繰り返せば，$x$と$y$の時間変化を求めることができそうです。ただし，この$\Delta t$という時間の中で，本来ならば$x$と$y$の値が変化していき，それに従って，変化の速度も変化していきます。式（4.2.8）では，時間$\Delta t$の間で変化の速度は一定であると仮定していますから，この考え方ではずれが生じます。このずれをできるだけ小さくするため，実際に計算を行うときには$\Delta t$を小さく取って少しずつアップデートしていきます。このような方法を，**オイラー法**による**数値積分**（numerical integration），または**数値シミュレーション**（numerical simulation）といいます。

　オイラー法はわかりやすく，数値積分の理解に有用なのですが，誤差が比較的大きいので，実用上は**ルンゲクッタ法**（Runge-Kutta method）などの，より精度の高いアルゴリズムが使用されます[20]。

　微分方程式によるモデルは，このようにして比較的簡単に「動かして」みることができます。この節冒頭の図4.2.1にある個体数変動の時系列も，そのようにして得られたものです。後の章で解説するように，実際にそのモデルがどのように振舞うかを見てみることは数理モデリングでは必須のステップです。また，数値

---

18) $x$と$y$は個体数を表す変数ですが，適当に規格化（$x$, $y$の1当たりそれぞれ何個体を表すかを決めて，それを1単位とする）されているものとします。つまり，ここでの$x = 1$, $y = 2$は，被食者が1個体で捕食者が2個体という意味ではありません。

19) パラメータの値はここでは指定していませんが，計算を行うときに1組決めます。したがって，この時点で，$x$と$y$の変化速度は数値として得られていることになります。

20) 4次のルンゲクッタ法（通称RK4）を使っておけば，大抵の場合は問題ありません。この計算は自分でプログラミングしてもそこまで大変ではありません（Excelでもできます）し，次の節で紹介するソフトウェア等を使って実施することも可能です。詳細なアルゴリズムについては，本書では割愛します。

シミュレーションによって，状態の安定性やパラメータの値の影響などを網羅的に調べることもできます。

# 4.3 解けるモデル・解けないモデル

## 解ける微分方程式は少ない

微分方程式で表された数理モデルが作れた場合，それが解析的に解けるかどうかをどう判断したらいいでしょうか？　これには一般的な答えはありませんが，ここでは解ける微分方程式たちを紹介することで，大体これくらいの単純さであれば解ける（こともある），という感覚を大まかに掴んでいただくことを目標としたいと思います。

結論を簡単にまとめると，次のようになります。

- 微分方程式が線形ならば大体解ける
- （独立変数以外の）変数が1つだけの微分方程式なら，多少非線形でも解ける

## 線形の微分方程式

線形の微分方程式は基本的に解けます。線形とは，変数やその微分の掛け算が登場しないことをいうのでした。式（4.1.8）のような，複数の線形微分方程式の連立方程式が解けることは既に説明しましたが，これに定数項と呼ばれるパラメータ $(b_1,..., b_n)$ が含まれていても解けます。

$$\begin{cases} \dfrac{dx_1}{dt} = a_{11}x_1 + a_{12}x_2 + \cdots + a_{1n}x_n + b_1 \\[2mm] \dfrac{dx_2}{dt} = a_{21}x_1 + a_{22}x_2 + \cdots + a_{2n}x_n + b_2 \\ \qquad\qquad\qquad\vdots \\ \dfrac{dx_n}{dt} = a_{n1}x_1 + a_{n2}x_2 + \cdots + a_{nn}x_n + b_n \end{cases} \tag{4.3.1}$$

また，ここまでは1階の微分方程式を主に見てきましたが，高階の微分（変数

を二回以上微分したもの）が含まれていても解けます。

$$\frac{d^n x}{dt^n} + a_{n-1}\frac{d^{n-1}x}{dt^{n-1}} + a_{n-2}\frac{d^{n-2}x}{dt^{n-2}} + \cdots + a_0 x = b \tag{4.3.2}$$

実はこの方程式において，新しい変数

$$x_1 = x,\ x_2 = \frac{dx}{dt},\ \cdots,\ x_n = \frac{d^{n-1}x}{dt^{n-1}} \tag{4.3.3}$$

を用意すると，式（4.3.1）の形で表現することができます。したがって，これら2つの方程式は同じ形の解をもちます。

## 1変数の非線形の微分方程式

　時間の関数として表される変数が1つのとき，方程式が多少非線形でも解くことができる場合があります。4.1節で紹介したロジスティック方程式（4.1.3）も $N$ の二乗の項が含まれているので非線形ですが，解を求めることができました。実際に微分方程式で数理モデルを作るときに，1変数しか必要ないという状況はあまりないので，ここではいくつか形だけ紹介するだけに留めたいと思います（図4.3.1）。特に，**変数分離形**は頻繁に出現するので覚えておくといいでしょう。

---

**図4.3.1　解ける微分方程式の例**

| 名称 | 具体形（$f, g$は微分可能な関数） |
|---|---|
| ■ 変数分離形 | $\dfrac{dx}{dt} = f(x)g(t)$　　例：$\dfrac{dx}{dt} = x^2 t$ |
| ■ 同次形 | $\dfrac{dx}{dt} = f\left(\dfrac{x}{t}\right)$　　例：$(x-t)\dfrac{dx}{dt} + x = 0$ |
| ■ ベルヌーイの微分方程式 | $\dfrac{dx}{dt} + f(x)t = g(x)t^n$　　例：$\dfrac{dx}{dt} + t = e^x t^2$ |
| ■ ラグランジュの微分方程式 | $x = tf\left(\dfrac{dx}{dt}\right) + g\left(\dfrac{dx}{dt}\right)$　例：$x = t\left(\dfrac{dx}{dt}\right)^2 + \dfrac{dx}{dt}$ |

---

## 偏微分方程式

ここまでは，変数の時間による（常）微分しか考えてきませんでした。別の変数による偏微分を含む微分方程式を，**偏微分方程式**（partial differential equation）といいます[21]。例えば，熱や物質の拡散を表現する**拡散方程式**（diffusion equation），

$$\frac{\partial C(x,t)}{\partial t} = D \frac{\partial^2 C(x,t)}{\partial x^2} \tag{4.3.4}$$

のようなものを指します。ここで $C$ は着目している熱や物質の量，$D$ は拡散係数と呼ばれるパラメータ，$t$ は時間，$x$ は位置を表す（独立）変数です。

偏微分方程式は線形であれば解けることもありますが，非線形になると，解析的にはほぼ解けないと思っていただいて構いません[22]。また，数値的に計算するのでさえ，困難なこともしばしばあります。データ分析の文脈で偏微分方程式による数理モデルが必要とされることは稀ですが，解析の困難さについては知っておくとよいでしょう。

## 分析ソフトウェアの利用

微分方程式の分析を行う際には，自分で解いたりプログラミングする以外にも，さまざまなソフトウェアが利用可能です。いくつか紹介すると，微分方程式を解析的に解きたい場合には，商用ソフトウェアのMathematicaやMaple，フリーウェアのMaxima，ウェブサービスのWolfram Alpha（無料でもそれなりに使えますが強力な解析ができる有料プランも存在します）があります。数値シミュレーションについては，上記で挙げたものに加え，商用ソフトウェアとしてはMATLAB，IMSL，NAG，フリーウェアとしてはScilab，GNU Octave，PythonのSciPyなどで実施することが可能です。

---

21) これまで紹介してきた，常微分しか含まない微分方程式を**常微分方程式**（ordinary differential equation）といい，しばしばODEと略します。

22) 可積分系と呼ばれる方程式などの例外は存在します。我々の世界では幸運なことに，重要な自然法則の多くが線形の常微分・偏微分方程式でよく記述されます。そうでないものの例として，流体の動きを記述したナヴィエ・ストークス方程式は2階の非線形偏微分方程式です。この方程式については解くことはおろか，解が常に存在するかどうかすらわかっていません。

# 4.4 制御理論

## 入力変数に対してシステムがどう応答するか

　微分方程式で表された数理モデルの，ある変数の値を自由に変化させることができるとして，それが別の変数に与える影響を評価したり，コントロールすることができるでしょうか？

　これは，工学の分野では**制御理論**（control theory）として確立された問題設定で，さまざまな方法論が存在します。ここではその基本的な考え方と，基礎的な制御の方法について紹介します。少し数学的に複雑になるので，興味のない読者の方は読み流していただいても構いません。

## 微分方程式を解くための便利な道具

　まず，**ラプラス変換**（Laplace transform）という数学的な道具について紹介します。これは，ある変数（ここでは時間の関数として表されるとします）に，図4.4.1にある積分の計算を行うことで別の関数に変換する手続きのことをいいます。具体的には，例えば $x(t) = t$ という関数をラプラス変換すると，$X(s) = 1/s^2$ という関数が出てきます。ここで，時間 $t$ の関数から新たな $s$ という変数の関数になっていることに注意してください。

　これだけだと何の意味があるのかわかりにくいのですが，ラプラス変換の醍醐味は，「関数の微分」の変換にあります。図4.4.1に示すように，関数 $x(t)$ を時間微分したものにラプラス変換を施すと，「元の関数のラプラス変換 $X(s)$ に $s$ を掛け算しただけのもの（から定数を引いたもの）」が得られます。同じように，積分も $1/s$ を掛け算することで表現できます。

　実際にこれを使用した例を見てみましょう。

図4.4.1　ラプラス変換のまとめ

## ラプラス変換の定義

$$F(s) = \mathcal{L}[f(t)] = \int_0^\infty f(t)e^{-st}dt$$

| 元の関数 | ラプラス変換した後 |
|:---:|:---:|
| $t$ | $\dfrac{1}{s^2}$ |
| $t^n$ | $\dfrac{n!}{s^{n+1}}$ |
| $e^{-at}$ | $\dfrac{1}{s+a}$ |
| $\sin \omega t$ | $\dfrac{\omega}{s^2 + \omega^2}$ |

$$f(t) = \lim_{p \to \infty} \frac{1}{2\pi i} \int_{c-ip}^{c+ip} F(s)e^{st}ds$$

### ラプラス逆変換の定義

## ラプラス変換の性質

| 元の関数 | ラプラス変換した後 |
|:---:|:---:|
| $x(t)$ | $X(s)$ |
| $\dfrac{d}{dt}x(t)$ | $sX(s) - x(0)$ |
| $\dfrac{d^n}{dt^n}x(t)$ | $s^n X(s) - s^{n-1}x(0)$ $-s^{n-2}\dfrac{d}{dt}x(0) - \cdots - \dfrac{d^n}{dt^n}x(0)$ |
| $\displaystyle\int_0^t x(\tau)d\tau$ | $\dfrac{1}{s}X(s)$ |
| $ax_1(t) + bx_2(t)$ | $aX_1(s) + bX_2(s)$ |

## 微分方程式をラプラス変換で解く

　簡単な例として，この章の冒頭で紹介したマルサスモデルに，ラプラス変換を適用してみましょう。ここでは個体数の変数を，（$N$ではなくて）$x$という文字で書き直しておきます。

$$\frac{dx}{dt} = rx \tag{4.4.1}$$

　この両辺をラプラス変換します（図4.4.1の表が便利です）。すると，

$$sX - x(0) = rX \tag{4.4.2}$$

となりますから，$x$のラプラス変換後の関数 $X(s)$ について

$$X(s) = \frac{x(0)}{s - r} \tag{4.4.3}$$

と計算できます。元の式（4.4.1）は微分方程式だったのが，ラプラス変換した後の世界では，微分を含まないただの方程式[23] として解けてしまっている（！）ことに注目してください。あとは，元の世界に戻してやればいいだけですが，それにはラプラス逆変換という計算を行います。実践的には，図4.4.1のような変換表を参照することにより，元の関数は

$$x(t) = x(0)e^{rt} \tag{4.4.4}$$

であることがわかります。このようにして，簡単に微分方程式を解くことができてしまいました。この解き方でやっていることをまとめると，次のようになります。

---

⑴元の微分方程式をラプラス変換する
⑵ラプラス変換後の世界で解く
⑶元の世界に戻す

---

　ラプラス変換は線形の方程式に対して非常に有効な変換で，これにより，分析が見た目の上で簡単になります。この性質は（古典）制御理論で大活躍します。

---

23) 正確には，代数方程式。

## 微分方程式に制御項を入れてみる

線形の微分方程式に，制御できる変数 $u(t)$ を追加してみましょう。

$$\frac{d^n x}{dt^n} + a_{n-1}\frac{d^{n-1}x}{dt^{n-1}} + a_{n-2}\frac{d^{n-2}x}{dt^{n-2}} + \cdots + a_0 x = u \tag{4.4.5}$$

この両辺をラプラス変換して，整理すると

$$X(s) = \frac{1}{s^n + a_{n-1}s^{n-1} + \cdots + a_0}U(s) = G(s)U(s) \tag{4.4.6}$$

となります。制御できる変数 $u(t)$ のラプラス変換 $U(s)$ は，実際にどのような制御を仮定するかに依りますが，1つ関数を決めると1つの具体的な関数がここに入ります。$U$の係数となっている部分の関数を**伝達関数**と呼んで，しばしば $G(s)$ と表記します。式（4.4.6）で両辺を逆ラプラス変換すれば，変数$x$の時間変化を求めることができるわけですが，そのような計算をしなくても，この $G(s)$ の部分にシステムの安定性の情報が含まれており，これを分析することによっていろいろなことがわかります。

　一例をあげると，$G(s)$ の分母が0になるときの$s$の値（極といいます）が正か負かを見れば，システムの安定性がわかります。また，$u$に実際にさまざまな関数[24]を設定して，システムの応答を分析するということも可能です。

## 目的の値を達成するためのフィードバック系を考える

　具体的に，システムの変数を狙った値に調節するためには，$u(t)$ にどのような関数を設定すればいいでしょうか？これにはさまざまな達成方法があります。ここではその中でも特にポピュラーな**PID制御**について紹介します。

　ここでは簡単のため，システムの変数$x(t) = 0$を目指して制御しているとしましょう。時刻$t$における目標からのずれを $e(t)$ と表記します。$e(t)$ を0に近づけるため，PID制御は3つの要素に従って入力 $u(t)$ の値を決めます。

---

24) 例えばステップ関数や，デルタ関数，三角関数など。

**⑴比例要素（P）**

現在のずれに比例した値，$K_{\mathrm{P}}e(t)$ を入力に加えます。$K_{\mathrm{P}}$ は比例ゲインと呼ばれるパラメータです。

**⑵積分要素（I）**

今までのずれを時間的に積算し，それに比例した値，$K_{\mathrm{I}}\int_0^t e(\tau)d\tau$ を入力に加えます。$K_{\mathrm{I}}$ は積分ゲインと呼ばれるパラメータです。

**⑶微分要素（D）**

ずれの変化速度に比例した値，$K_{\mathrm{D}}\dfrac{de}{dt}$ を入力に加えます。$K_{\mathrm{D}}$ は微分ゲインと呼ばれるパラメータです。

まとめると，

$$u(t) = K_{\mathrm{P}}e(t) + K_{\mathrm{I}}\int_0^t e(\tau)d\tau + K_{\mathrm{D}}\frac{de}{dt} \tag{4.4.7}$$

となります。このフィードバック制御は，比較的実装しやすく，パラメータの値を適切に設定すると非常によく機能するので，工学的に広く活用されています。この制御の安定性に関しても，ラプラス変換した式（4.4.6）で分析することが可能です。

## 古典制御理論と現代制御理論，その後

ここまで紹介してきた，ラプラス変換や伝達関数に立脚した制御理論は古典制御理論とよばれ，1950年代に体系化が進みました。その後は，観測できない変数（状態変数）や多変数のダイナミクスを考慮に入れることができる現代制御理論につながっていきます。モデル化の時に生じる誤差に対しても，ロバストな制御を可能とする $H^\infty$ 制御理論や，非線形なシステムを対象とする非線形制御，また近年ではニューラルネットワークを使用した制御など，さまざまな広がりを持って研究が進んでいます。

## 第4章のまとめ

●変数の変化の速度を表す微分を含む式を微分方程式といい，変数の動的な振る舞いを理解するのに使用される。

●線形の微分方程式では，変数の時間変化を時間の関数で表示することができる（解ける）が，非線形の方程式の場合解けないことが多い。

●解けない微分方程式でも，定常状態が維持されやすいかどうかを安定性の議論によって調べることができる。

●線形の微分方程式の場合，変数の値をコントロールする制御理論が整備されている。

# 第5章

# 確率モデル

対象のダイナミクスにおいて，確率的な振る舞いが
本質的である場合には，確率モデルが力を発揮しま
す。この章では，待ち行列理論を題材に，確率モデ
ルの基礎的な事項から，応用につながる手法を概観
します。確率に関する理論は，慣れていないとイメー
ジが掴みづらい部分もあるかもしれませんが，さま
ざまな分野で役に立つので，ぜひマスターしていた
だければと思います。

# 5.1 確率過程

## 確率的な状況を考える

第4章では微分方程式を用いて，変数の時間的な変化を捉える手法について学びました。同じ条件からスタートした場合，変数のダイナミクスが毎回同じになるのが微分方程式です。これを**決定論的**（deterministic）**なダイナミクス**といいます。現実のデータにおいては，変数は必ずしも毎回全く同じように振舞っているわけではなく，ある程度ばらついています。ばらつきが比較的無視できるような状況を捉えるのに使ったのが，微分方程式というわけです。

一方で，こうしたばらつきが無視できない場合，確率的な要素をもつモデルの方が対象の実態をよく捉えられることがあります。この章では，そのような方法論について見ていきましょう。

## 確率分布は確率の情報をひとまとめにしたもの

具体的な話に入る前に，**確率分布**（probability distribution）という概念について説明しておきましょう[1]。例えば，普通のサイコロを1回振ることを考えます。結果として何の目が出るかは，振ってみるまでわかりません。この目の値を$X$としましょう。このような変数を，**確率変数**（random variable）といいます。$X$の値はサイコロを振ってみるまでわかりませんが，$X$が1から6までの整数のうちどれか1つの値をとること，そしてそれぞれの数字は確率1/6で出現することはわかっています。

**このように，確率変数がとる値ごとに，それが実現する確率をひとまとめにしたものを確率分布といいます。**確率分布は，よく記号$P$を使って$P(X)$と表記されます。このとき，「$X$は確率分布$P(X)$に従う確率変数である」といったりします。

---

1) 本来は測度論に基づいた厳密な定義が可能ですが，ここでは初学者向けのわかりやすさを重視して進めます。

## 連続変数の確率分布

サイコロの例では，確率変数が1から6までの離散的な値しかとりませんでした。一方，確率変数は実数をとるものを考えても構いません。例えば，いつも乗っている電車の予定到着時刻と実際の到着時刻の差（遅れた時間）を $X$〔秒〕としましょう。日本の鉄道の運行は極めて正確であるとはいえ，それでも数秒から数十秒でばらついているでしょう。

先ほどと同じように，この $X$ が従う確率分布を考えてみます。$X$ を2回観測すると，同時に見える到着時刻でも，何秒，何ミリ秒，何マイクロ秒，何ナノ秒…と，どんどん細かく見ていくと厳密には異なっていますから，$X$ の取りうる値には無限のバリエーションがあることがわかるでしょう[2]。ここで $X$ の値をきっかり厳密に指定，例えば $X = 0$ としてしまうと，そのような事象が実際に発生する確率は実は0になってしまいます。しかし，区間を指定して，例えば，遅れが0秒から10秒の間に収まる確率を求めることにすれば，意味のある値が出てきそうです。このように，確率変数が連続の値をとる場合，単独の値が発生する確率は0になりますが[3]，指定した区間の中の値のどれかが発生する確率を考えると，0でない値が定義できます。

## 連続変数の確率分布：確率密度関数

連続変数の値が，それぞれどれくらいの確率で発生するかを記述するために，**確率密度関数**（probability density function）$p(X)$ というものを用意します。これを使って，先ほど見た「確率変数 $X$ が，$a$ から $b$ までの区間に入る確率」（これを $P(a \leq X \leq b)$ と表記することにします。大文字の $P$ と小文字の $p$ を使い分けていることに注意してください）を，次の式で計算することにします。

$$P(a \leq X \leq b) = \int_a^b p(x)dx \tag{5.1.1}$$

これは，図5.1.1のグラフにおいての $X = a$ と，$X = b$ の間で切り取られる $p(X)$ の下の面積に対応します。

---

2) ここでは仮想的に，無限の精度で測定ができると仮定しています。
3) 特殊な分布やセッティングを考えない限り。

「連続変数の$X$の確率分布」といった場合，普通，この$p(X)$のことを指します。上のように書くと少し複雑に見えるかもしれませんが，ヒストグラム（度数分布図）のようなものだと思っていただけばわかりやすいと思います（図5.1.1）。ヒストグラムでは棒の高さがその条件に該当するデータの個数を表しますが，データを無限に増やしつつ，棒を無限に細くして，かつ，高さについては全データ数で割り算するという操作をすると，確率密度関数$p(X)$と同じものになります。

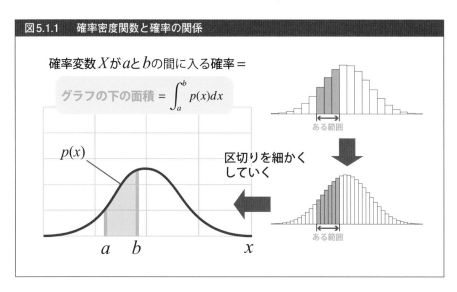

図5.1.1　確率密度関数と確率の関係

## 何度もサイコロを振ってみる

ここまでは，1回の事象における確率変数について考えてきました。ここでは，何回もサイコロを振って，毎回出た目だけ前に進める双六のような状況を考えてみましょう。このとき，トータルで前に進んだ数（双六のどのマスにいるか）は時々刻々と変化していきます。この位置を表す確率変数の値を，$X_1, X_2, ..., X_t$と記録していきましょう。このように時間変化していく確率変数のことを，**確率過程**（stochastic process）といいます。確率変数が毎回どのように変化していくかについては，もちろんサイコロに限らず任意の確率分布を使って指定することができます。この章で扱う確率モデルは，基本的にすべて，この確率過程にカテゴライズされます。

# 5.2 マルコフ過程

## マルコフ過程は，過去の状態を振り返らない

　本節では，確率過程の中で特に重要な**マルコフ過程**（Markov process）について紹介します。このマルコフ過程は，システムの確率変数（状態ともいいます）を変化させるときに，現在の状態の情報だけを使って次の状態を決める確率過程のことをいいます。実際に下記の例を見るとわかりやすいと思いますが，数理的な解析のしやすさや，応用の広さからさまざまなところで利用されます。

## ランチの決め方

　Eさんは毎日職場の近くでランチを食べています。職場の近くにはラーメン屋，ステーキ屋，そば屋の3軒しかなく，毎日このどれかを選ばないといけないのが面倒です。そこで，Eさんはこれを確率的に決めることにしました。しかし，完全にランダムに決めてしまうと，運が悪い時には同じ店に何日も連続で行くことになってしまいそうです。かといって決まった順番でローテーションするのも面白くないと思ったEさんは，次のようなルールで店を決めることにしました[4]。

　その日行ったお店に応じて，次の日に行く店を決めます（図5.2.1）。ラーメンを食べた場合，サイコロを振って1, 2, 3のどれかが出れば（つまり3/6 = 1/2の確率で）次の日もラーメン，4か5が出たら（2/6 = 1/3の確率で）ステーキ，6が出たら（1/6の確率で）そば，のように決めます。ステーキを食べた場合，次の日は5/6の確率でラーメン，1/6の確率でそばです。ステーキが2日連続することはありません。そばを食べた場合も同じようにして，確率的に次の日のランチを決めます。こうすると，次の日のランチを1日前の状況（だけ）をふまえてランダムに決めることができます。これはマルコフ過程となります。特に，今回のように時間が離散的に進展していくものを，**マルコフ連鎖**（Markov chain）といいます。

---

4)　Eさんはラーメンが好きで，2日連続で食べてもいいと思っています。そばとステーキはそれほど好きではありません。この2つを比較するとステーキのほうが好きですが，ステーキは重たいので2日連続で食べるくらいなら2日目はそばのほうがいい，という状況だとします。

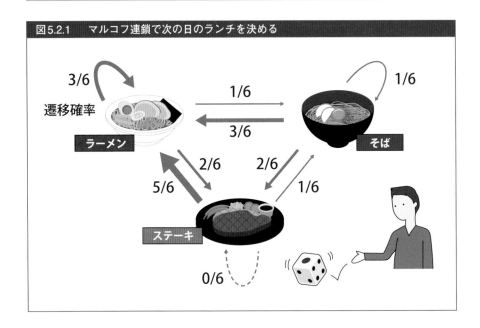

図5.2.1　マルコフ連鎖で次の日のランチを決める

3/6
遷移確率
1/6
3/6
1/6

ラーメン
そば

2/6　2/6

5/6　1/6

ステーキ

0/6

## どれくらいの割合でラーメンを食べることになるか

　無事，ランチのお店を決めることができるようになりました。これに従うと，ラーメン，そば，ステーキ，ラーメン，ラーメン…といったように毎日のランチが決まっていきます。このように状態が変化していくことを**状態遷移**（state transition）といい，それぞれの状態遷移が起こる確率を**遷移確率**（transition probability）といいます。

　さて，ラーメン好きのEさんですが，このルールでは流石にラーメン屋の頻度が高すぎになってしまうのではないかと心配になりました。実際にはどれくらいの割合でラーメンが選ばれるでしょうか？これを数理的に解析していきましょう。

## 状態確率の方程式を立てる

　1つのアプローチとして，$t$日目にラーメン，ステーキ，そばを食べることになる確率をそれぞれ$p(t)$，$q(t)$，$r(t)$として，これを計算する方法が考えられます。これを**状態確率**と呼びます。Eさんがこのランチの決め方を始めた前日，つまり$t=0$ではラーメンを食べていたとしましょう。したがって，$p(0)=1$，

$q(0) = r(0) = 0$と設定します。初日，つまり$t = 1$にラーメンになる確率は，前日ラーメンの状態からもう1度ラーメンに遷移する確率ですから1/2となります。同じようにステーキ，そばの確率も求められます。$t = 2$以降は前日に何を食べたかによるので，「前日がラーメン，ステーキ，そばである場合のそれぞれから，どれかの状態に遷移する確率」を考えることで，図5.2.2のように前日の状態確率を使って表現することができます。

　この方程式は，行列を使って書くとシンプルに表現することができて，

---

**（次の状態確率）＝（遷移確率の行列）×（前の状態確率）**

---

という形になります（図5.2.2）。この遷移確率を記述する行列のことを，**状態遷移行列**（state-transition matrix）といいます。この，「前の状態確率に行列を掛け算すると次の状態確率が出てくる」という性質は，マルコフ過程の重要な特徴です。これが満たされると，ある時刻$t$の状態を，初期条件（$t = 0$）の状態確率に遷移行列を$t$回掛け算することによって求めることができます。これを直接$t$の関数として表示することも可能です。

---

**図5.2.2　状態確率の時間発展方程式**

**状態確率の時間発展を表す方程式**

t+1日目に

ラーメンの確率：　$p(t + 1) = \dfrac{3}{6}p(t) + \dfrac{5}{6}q(t) + \dfrac{3}{6}r(t)$

ステーキの確率：　$q(t + 1) = \dfrac{2}{6}p(t) + \dfrac{0}{6}q(t) + \dfrac{2}{6}r(t)$

そばの確率：　$r(t + 1) = \dfrac{1}{6}p(t) + \dfrac{1}{6}q(t) + \dfrac{1}{6}r(t)$

行列で表示　　　$\begin{pmatrix} p(t+1) \\ q(t+1) \\ r(t+1) \end{pmatrix} = \begin{pmatrix} 1/2 & 5/6 & 1/2 \\ 1/3 & 0 & 1/3 \\ 1/6 & 1/6 & 1/6 \end{pmatrix} \begin{pmatrix} p(t) \\ q(t) \\ r(t) \end{pmatrix}$

＝T：状態遷移行列

---

## 時間が十分経過した後の話

　上の例では，初期条件としてラーメンからスタートしました。これがもし，そばからスタートしていたらどうなっていたでしょうか？　直観的には，初日や2日目にそれぞれの状態確率に影響を与えそうですが，1年後にはもはやほとんど関係なくなっていると想像できるでしょう。また，ちょうど1年後にラーメンを食べている確率と，ちょうど2年後にラーメンを食べている確率もほとんど同じになるのではないでしょうか。実際には，遷移行列が一定の条件を満たせば[5]，状態確率は時間変化しない一定の値に収束していきます。このような状況のことを，定常状態といいます（微分方程式のところでも同じ概念がでてきました）。

　このとき，図5.2.2で立てた方程式を，状態確率が時間に依存しないとして（これらの値をそれぞれ$p, q, r$とします）書き直すと，ただの連立方程式になります（図5.2.3）。これは容易に解くことができて，今回の場合，ラーメンを食べる確率が7/12，ステーキを食べる確率が3/12，そばを食べる確率が2/12と求まります。

　このように定常状態を考えると，簡単に確率や期待値を計算することが可能になり，システムの分析に役立ちます。

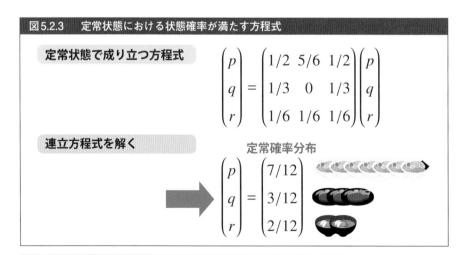

図5.2.3　定常状態における状態確率が満たす方程式

定常状態で成り立つ方程式

$$\begin{pmatrix} p \\ q \\ r \end{pmatrix} = \begin{pmatrix} 1/2 & 5/6 & 1/2 \\ 1/3 & 0 & 1/3 \\ 1/6 & 1/6 & 1/6 \end{pmatrix} \begin{pmatrix} p \\ q \\ r \end{pmatrix}$$

連立方程式を解く

定常確率分布

$$\begin{pmatrix} p \\ q \\ r \end{pmatrix} = \begin{pmatrix} 7/12 \\ 3/12 \\ 2/12 \end{pmatrix}$$

---

[5]　ある状態からスタートしたときに，別のある状態に他の状態を何回経由しても遷移することができない場合，また確率1で2つの状態を行ったり来たりするような周期が存在する場合，定常確率分布は初期条件に依存します。逆にそうではない状況（エルゴード性を満たす，といいます）のとき，定常分布は初期条件に依存せず一意に定まります。このようなときは安心して1つ存在する解を見つけに行けばいいので，解析が簡単になります。

# 5.3 待ち行列理論

## 窓口の行列を確率的に表現する

　それではいよいよ，確率過程を用いた現象のモデリングについて紹介していきましょう。ここでは例として，あるコンビニがATMを設置したいという状況を考えてみます。

　ATMは1台で足りるでしょうか？　利用したいお客さんが多すぎて長々と待たされる，という状況を避けるために，数理モデルを使って評価してみましょう[6]。

図5.3.1　待ち行列理論で考える状況の例

利用が終わったら
いなくなる

利用者の行列

新しい利用者

ATM

## 平均的な振る舞いに基づいた推測

　もっとも簡単なアプローチは，平均的にどれくらいの利用者がやってきて，そして平均的に1回の利用でどれくらいの時間ATMを占有するかを調べることです。もし，新しい利用者が平均5分に1回のペースでどんどんやってくるのに，1人当たりの利用時間が10分もかかってしまう場合，明らかに利用者を捌ききれないですよね。逆に，利用者が平均して10分に1回のペースでしかやってこず，1人当たりの利用時間が5分と短ければ問題なさそうです。このように考察していくと，

---

6)　読みやすい参考書として，高橋幸雄，森村英典『混雑と待ち』（朝倉書店），基礎から応用までのしっかりした参考書として，塩田茂雄ら『待ち行列理論の基礎と応用』（共立出版）を挙げておきます。

新しい利用者が到着するまでの時間が1人当たりの利用時間より長ければ問題な
い，という結論が導かれます。

しかし，実はこの推論には問題があります[7]。それは，それぞれの利用者がやっ
てくるタイミング，及び，それぞれの利用者の利用時間は一定ではなく，人によっ
てばらついている，ということを考慮していない点です。平均的には利用者を捌
けているかもしれませんが，たまたま行列が長くなってしまうことはないのでしょ
うか？また，平均的に利用者はどれくらい待たされることになるのでしょうか？
このように確率的なばらつきが無視できないような状況では，確率過程を用い
たモデリングが力を発揮します。それでは，必要な道具を準備しつつ，詳細なモ
デリングについて解説していきます。

## ランダムに利用者が到着することを表現するポワソン過程

ATMに利用者が到着する頻度を，1時間当たり$\lambda$回であるとしましょう。ここ
では平均の値を指定しただけですから，実際にどのタイミングで利用者がやって
くるかについては，まだわからないことに注意してください（毎時間，最初の1
分で10人まとめてやってくるかもしれないし，きっちり6分に1回，1人ずつやっ
てくるかもしれません）。

このような時，最も「ランダムな」到着の仕方として次のようなものを考えま
しょう。非常に小さい時間間隔$\Delta t$，例えばここでは1秒や0.1秒などを想像してく
ださい。1時間という時間を，この$\Delta t$で分割します。0.1秒だったとすると（つま
り$\Delta t = 0.1 / 3600$〔時間〕），1時間は36,000個の微小時間に分割できますね。この
36,000個の時点それぞれについて，確率$\lambda \Delta t$でランダムに利用客が到着すると考
えます。
例えば，$\lambda = 10$（1時間に平均して10人到着する）だとすると，$\lambda \Delta t = 1 / 3600$
となりますから，3600枚のうち1枚だけ当たりが入っているくじを引いて，当たっ
たら利用者が到着するという状況です。非常に小さい確率ですが，1時間あれば
そのくじを36,000回も引くことができるので，平均としては10回利用者が到着す
るという計算が合うようになっています（図5.3.2）。

---

7) 直前で述べた結論は，行列の長さが発散しないための必要十分条件になっています。以下で見るように，この条
件を満たしたからと言って行列が長くならないことは保証されません。

## 図5.3.2 ポワソン過程のイメージ

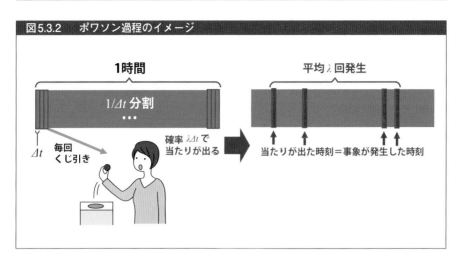

このようにして得られた事象を時間にしたがって1回，2回，…，とカウントしていく確率過程を，**ポワソン過程**（Poisson process）といいます[8]。この過程はランダムさゆえに性質が良いので，さまざまなところで利用されます[9]。もちろん，ポワソン過程はマルコフ過程の一種です。前節で紹介したマルコフ連鎖との大きな違いは，マルコフ連鎖では時刻が1, 2, …と離散的に増えていくのに対して，ポワソン過程では連続の値を考えることです。本質的には同じマルコフ過程ですが，必要とされる数理的な手続きには若干の差異があります。

## 増えたり減ったりを表現する出生死滅過程

ここまでで，利用者が到着する様子をモデル化するための確率過程の準備ができました。同じようにして，利用者がATMを利用し終えていなくなる要素も含めてみましょう。利用者がいるときに，サービスが完了する速さ（所要時間の逆数）を $\mu$ とします。ポワソン過程では，$\Delta t$ の微小時間の間に確率 $\lambda \Delta t$ でATMの列に新しい利用者がやってきますが，さらに，確率 $\mu \Delta t$ で列のATMの先頭にいる利用者

---

8) 厳密には $\Delta t \to 0$ の極限をとります。

9) この「ランダムさ」は事象の間の関係（相関）がないことを意味しています。毎回サイコロやコインを投げて決める，というイメージです（これをベルヌーイ過程といいます）。逆に「ランダムでない」のは，例えば「ある事象が起きたらその後はしばらく次の事象が起きない」状況などがこれに該当します。前後の事象と関係がないということは，過去の履歴の情報を使わなくても次の状態が記述できる，ということなので計算が簡単になります。小さい $\Delta t$ を考える必要があるのは，同じ $\Delta t$ の中で2回以上事象が起きないようにする意味があります。一方で，例えば数人のグループでATMにやってきた場合は（ほぼ）同時に複数の利用者が到着したことになり，この確率過程ではモデル化できていないことになります。

が手続きを完了していなくなる[10]確率過程を考えます。これを**出生死滅過程**（birth-death process）といいます。

　これに従うと，ATMに並んでいる利用者の人数の変化は，図5.3.3のようにまとめることができます。

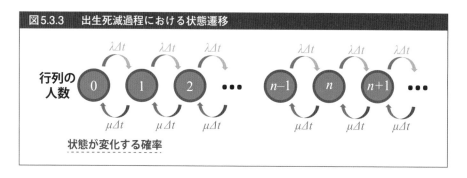

図5.3.3　出生死滅過程における状態遷移

## 行列の長さを確率的に捉える

　さて，この出生死滅過程によって，行列の長さが確率的に変化する様子を分析していきましょう。例によって，ダイナミクスを記述するための方程式を立てます。行列の長さを$n$人として方程式を立てたいところですが，今回の場合，人数の増減がランダムに起こるので，この量は直接には捉えづらい量になっています[11]。そこで，時刻$t$に行列が$n$人である確率$P_n(t)$という量を導入して，これを計算することにします。行列に並んでいる人数$n$のあり得るパターンは，0人，1人，…と無数にあるので，$P_n(t)$の方程式もその数だけ用意します。ただし，どれも同じ構造をしているので，一般に$n$人の時どうなるかを調べれば十分です[12]。

　出生死滅過程では，微小時間$\Delta t$の間に新しい利用者の到着，サービス完了がそれぞれ，$\lambda \Delta t, \mu \Delta t$という確率で発生するのでした。これに基づくと，図5.3.4（上）のように方程式を立てることができます。$\Delta t$が小さい極限を考えると，この方程式は微分方程式として表現されます（図5.3.4（下））。方程式を立ててしまえば，

---

10）$\Delta t$が小さければ，利用者の到着とサービス完了が同時に起こる確率は$\lambda \mu (\Delta t)^2$となり，そのような事象の発生は無視できます。

11）これを直接記述する，確率微分方程式というモデリングの方法もあります。確率微分方程式は数理的な扱いが難しいので本書では扱いませんが，金融工学で有名なブラック・ショールズ方程式などがこれに含まれます。

12）今回$n$は無限に大きくなってもいいので，本来は数学的な取り扱いには注意が必要です。

あとは数理的な解析を行うことができます。

この式は変数 $P_0$, $P_1$, $P_2$, … の線形の微分方程式なのですが，変数の数が無限にあるので，4.2節や5.2節で見たような方法では，時間の関数として解くことはできません。しかし，このような方程式は時間の経過にしたがって定常解に近づくので，その定常的な振る舞いを見てみましょう[13]。

---

**図5.3.4 行列の人数を記述する確率が満たす方程式**

**微小時間 $\Delta t$ 経過後に $n$ 人の確率**

**時刻 $t + \Delta t$ で $n$ 人になるには3パターンある**

$$P_n(t + \Delta t) = \lambda P_{n-1}(t)\,\Delta t + (1 - \lambda\Delta t - \mu\Delta t)\,P_n(t) + \mu P_{n+1}(t)\Delta t$$

| 新しく到着 | 増えも減りもしない | サービス完了 |
|---|---|---|
| $n-1 \to n$ | $n \to n$ | $n+1 \to n$ |

**$\Delta t \to 0$ とすると**

$$\frac{dP_n(t)}{dt} = \lambda P_{n-1}(t) - (\lambda + \mu)\,P_n(t) + \mu P_{n+1}(t)$$
$$(n = 1, 2, 3, …)$$

$$\frac{dP_0(t)}{dt} = -\lambda P_0(t) + \mu P_1(t)$$

$n$ はマイナスにはならないので $n=0$ は特別扱い

---

## 定常状態の分析

5.2節で見たように，状態確率が時間的に変化しない状態について分析してみましょう。このとき，$P_n(t)$ はもはや時間に関係なく一定の値をとりますから，$P_n$ と表記することにします。図5.3.4の式から図5.3.5のように，定常状態の方程式を立てます。微分方程式の定常状態としては，4.2節でも同じ手続きをしましたね。今回の場合は変数が沢山ありますが，最終的にそれらを関係づける**漸化式**（recurrence relation）の形の条件が得られます。

今回得られた漸化式は，三項間漸化式の特殊な場合で，非常に簡単に解くことができます（図5.3.5[14]）。このようにして，状態確率 $P_n$ を具体的な式で求めることができました。

---

13) ここでは確率 $P_n(t)$ が定常になるということで，実際の $n$ の値が定常になることではないことに注意してください。前節で見たようにマルコフ過程は多くの場合，初期条件に依存しない，一意の定常状態確率を持ちます。

14) $\lambda < \mu$ を仮定しています。この条件は，本節の冒頭で紹介した条件です。これが満たされないと行列が無限にどんどん長くなるので，定常な解が存在しなくなります。

今回の場合も，定常な状態に限定することによってシステムの状態確率を上手く求めることができたことに注目してください。

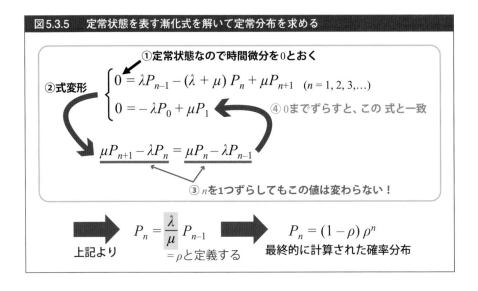

図5.3.5　定常状態を表す漸化式を解いて定常分布を求める

①定常状態なので時間微分を0とおく

②式変形

$$\begin{cases} 0 = \lambda P_{n-1} - (\lambda + \mu) P_n + \mu P_{n+1} & (n = 1, 2, 3, \ldots) \\ 0 = -\lambda P_0 + \mu P_1 \end{cases}$$

④0までずらすと、この 式と一致

$$\mu P_{n+1} - \lambda P_n = \mu P_n - \lambda P_{n-1}$$

③nを1つずらしてもこの値は変わらない！

上記より　　　　　$P_n = \dfrac{\lambda}{\mu} P_{n-1}$　　　　$P_n = (1 - \rho) \rho^n$

$= \rho$と定義する　　　最終的に計算された確率分布

## 確率分布がわかったら，期待値が求まる

定常状態の確率分布を求めることができました。原理的には，確率分布があれば大抵の期待値は求めることができます。例えば，ATMの稼働率，平均の行列の長さ，利用者の平均の待ち時間などがそれにあたります。実際に計算したものを

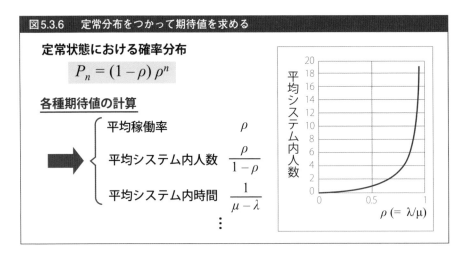

図5.3.6　定常分布をつかって期待値を求める

**定常状態における確率分布**

$$P_n = (1 - \rho) \rho^n$$

**各種期待値の計算**

| | |
|---|---|
| 平均稼働率 | $\rho$ |
| 平均システム内人数 | $\dfrac{\rho}{1 - \rho}$ |
| 平均システム内時間 | $\dfrac{1}{\mu - \lambda}$ |

縦軸：平均システム内人数（0〜20）
横軸：$\rho (= \lambda/\mu)$（0〜1）

図5.3.6に示します。平均の行列の長さ（システム内の人数）を見ると，$\rho = 1$に近づくにつれて一気に増加しています。したがって，実際のシステムを設計する際には，$\rho$を1より余裕をもって小さく設定しておかなければなりません。

## 確率モデルの強みと限界

以上で見たように，確率過程を数理構造にもつモデルは，**システムにおけるばらつきの効果が無視できない場合に，直観的には予測がむずかしい性質を捉えることができます。**

一方で注意しなければならないのは，このモデルで仮定した出生死滅過程が，現実のシステムと必ずしも精度良く一致しているとは限らないことです。利用者の到着やサービスの時間を決める確率分布は常に一定ではなく，時間帯によって状況が変わったりするでしょうし，ATMを1台だけではなく2台にした場合も考えたいかもしれません。あまりに行列が長ければ，利用者は並ばずに別のATMを使うでしょう。

このような仮定のうち，特に数理的な解析の難易度を大きく変えるのは確率過程の選択です。過去の状態の履歴をダイナミクスの記述に含めなくていいマルコフ過程は，一般に数理的に解析しやすい性質を持っていますが，それ以外の確率過程を考える場合，数理的な解析は非常に難しくなります。

## 数値的な解析は比較的容易

数理的な解析ができないような複雑なモデルにおいても，数値シミュレーションを活用することによってシステムの振る舞いを十分な精度で知ることができます。確率モデルの振る舞いをコンピュータでシミュレートするには，プログラムに乱数を発生させて，それにしたがって実際にモデルを動かす，という手続きを行います。これを**モンテカルロシミュレーション**（Monte Carlo simulation）といいます。また別のアプローチとして，図5.3.4のように確率の微分方程式を立式すれば，これはただの常微分方程式ですから，4.2節で解説した数値積分を実施することもできます。

## マルコフ近似

　マルコフ性は，数理的な解析に非常に有利な性質だということを見ました。実際にはマルコフ性を満たさないモデルでも，解析のためにマルコフ性を満たすとみなして近似計算を行うことも可能です。その場合は，元のモデルとどれくらい整合するかをチェックする必要がありますが，上手くいけば非常に良い近似を与える場合もあります。

### 第5章のまとめ

● 変数の振る舞いを確率的に記述したものを確率モデルという。

● 変数の確率的な振る舞いが，1つ前の時点の状態のみに依存するものをマルコフ過程といい，理論解析のしやすさからよく使用される。

● システムが十分時間が経った後に到達する定常状態では，理論的な解析が容易にできる。

● システムの状態の確率分布が求まれば，そこからさまざまな量の期待値を計算することができる。

# 第6章

# 統計モデル

データにはばらつきがつきものです。このばらつきにうまく対処しつつ推論を行うための方法論が，統計科学です。ここでは数理モデルの視点から，そこで用いられるモデルや考え方，利用方法について見ていきます。本章の内容は，データ分析の基礎的な考え方として，他のタイプの数理モデルを使用した分析でもしばしば重要になります。

# 6.1 正規分布

## 双六（すごろく）の結果

　ここまでも何度か登場している例ですが，サイコロを振って出た目の数だけ前に進むことができる双六について考えてみましょう[1]。1回サイコロを振った後には，何マス目にいるでしょうか？

　これを確率的に記述すると，「1から6マス目にそれぞれ同じ1/6の確率でいる」ということになります。このように，確率分布がどの起こりうる事象についても同じ値(つまり確率分布が真っ平)である場合，これを**一様分布**(uniform distribution)であるといいます。


　では，この双六を続けて，10回サイコロを振った時点ではどうなっているでしょうか？

　一番先に進めない最悪のケースは，全て1が出た場合ですが，その時は全部で10マス進んでいます。逆に，一番先に進んでいるケースは全て6が出た場合で，その時は60マス進んでいます。このときの確率分布は，1回目のときと同じように一様分布なのでしょうか？

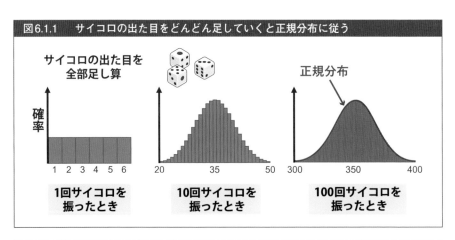

図6.1.1　サイコロの出た目をどんどん足していくと正規分布に従う

---

1)　各々のマスには「3マスすすむ」や「1回休み」などの指示は何も書いていないものとします。また，ゴールは十分先にあって，ここで議論している時間では到達できないものとします。

　　実際には，図6.1.1真ん中のように35を中心とした山の形になります[2]。サイコロを1回振ると，平均3.5の値が出ますから，それを10回続ければ全部で大体35になるというのは直観に合いますね。

## 正規分布は確率分布の親玉

　　それでは，さらに続けて100回振ってみます（図6.1.1右）。10回の時と同じような形が出てきました。実は，このような作業を続けていくと，確率分布は**正規分布**（normal distribution）[3]という分布に近づいていきます。今回は同じ一様分布に従う確率変数を何度も足し算しましたが，一様分布でなくてもほとんどの分布[4]で同じことが成り立ちます。これを**中心極限定理**（central limit theorem）といいます[5]。要するに，分布が（常識的な範囲で）何であっても，同じ分布から独立に生成された確率変数を足し算していけば，その和の分布が正規分布に近づいていくということです。このような事情もあって，現実のさまざまなものが正規分布に近い分布に従っていることが知られています。この意味で，正規分布は確率分布の親玉的存在であるといえるでしょう。

## 正規分布の定義

　　正規分布には，**平均**（mean）と**標準偏差**（standard deviation）という2つのパラメータがあります。**平均**は，その分布に従う確率変数が平均的にどれくらいの大きさになるかを表す量，**標準偏差**は確率変数の値がどれくらいばらついているかを表す量です。確率分布の形でいえば，それぞれ山のてっぺんがどこにあるか[6]，山がどれくらいなだらかであるかに対応します。しばしば，この平均を$\mu$，標準偏差を$\sigma$と表記します。また，平均が$\mu$，分散[7]が$\sigma^2$である正規分布のことを，$N(\mu, \sigma^2)$と表記します。特に，平均が0で標準偏差が1の正規分布（$=N(0,1)$と

---

2)　ここではモンテカルロシミュレーションを行いました。例えば，Excelでも"=RANDBETWEEN (1,6)"と入力すると，簡単にサイコロを「振る」ことができます。

3)　**ガウス分布**（Gaussian distribution）という言葉も非常によく使われます。

4)　確率分布の分散が（発散して）存在しない場合は，別の分布に収束していきます。

5)　もう少し厳密に述べると，有限の期待値と分散を持つ同一の分布に従う確率変数を$n$個独立に用意して和をとると，その和は$n \to \infty$の極限で正規分布に（分布）収束します。

6)　例えば，山が2つ以上存在する確率分布を想像すれば明らかなように，いつも確率分布の山のてっぺんの位置が平均と一致するわけではありません。

7)　標準偏差の2乗で表される量で，やはりばらつきの度合いを表現します。

表記されます）は，基本的な正規分布としてさまざまなところで登場します。これを**標準正規分布**（standard normal distribution）といいます。

正規分布は，図6.1.2に示す式によって表現されます。初めて見た読者の方も式の形は覚えておくといいでしょう。

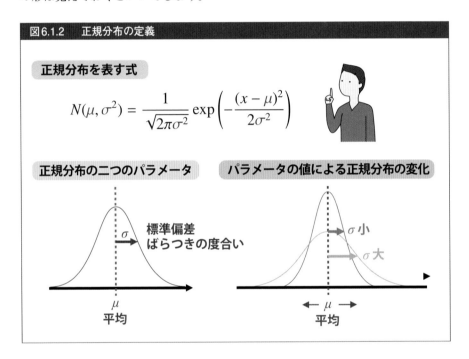

図6.1.2　正規分布の定義

**正規分布を表す式**

$$N(\mu, \sigma^2) = \frac{1}{\sqrt{2\pi\sigma^2}} \exp\left(-\frac{(x-\mu)^2}{2\sigma^2}\right)$$

**正規分布の二つのパラメータ**

σ　標準偏差
ばらつきの度合い

μ
平均

**パラメータの値による正規分布の変化**

σ小
σ大

μ
平均

## 異なる正規分布同士の足し算も正規分布

正規分布には，これ以外にもさまざまな特徴があります。その1つに，**再生性**と呼ばれる性質があります。例えば，AさんとBさんが2人で流れ作業の仕事をしている状況を考えましょう。Aさんの作業にかかる時間を計測すると，平均が100分，標準偏差が15分の正規分布に従うとします。同じように，Bさんの作業時間は平均が200分，標準偏差が20分の正規分布に従うとします（図6.1.3）。このとき，Aさんが自分の仕事を終えてBさんに渡し，そこからBさんが仕事を完了させるまでのトータルの時間を計測すると，これは平均が300分，標準偏差が25分の正規分布に従います。つまり，Aさんの正規分布 $N(100, 15^2)$ とBさんの正規分布 $N(200, 20^2)$ を合わせると，$N(100 + 200, 15^2 + 20^2) = N(300, 25^2)$ のよ

うに，単に平均と分散をそれぞれ足し算しただけの正規分布に従うということです[8]。もちろん，このような性質は一般の分布では成り立ちません。

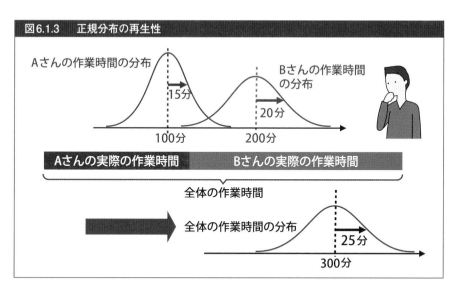

図6.1.3 　正規分布の再生性

## 正規分布の二乗の足し算は？

正規分布に従う確率変数同士の足し算は，別の正規分布に従うことを見ました。それでは，それらを二乗してから足し算したらどうなるでしょうか？

これは残念ながら，正規分布にはなりません。この和は，**$\chi^2$分布**（「かいにじょうぶんぷ」と読みます）と呼ばれる分布に従うことが知られています。さらに，この$\chi^2$分布に従う確率変数の比をとると，今度は**F分布**と呼ばれる確率分布に従います。

これらの分布は，次節で説明する統計的検定で活躍します。ここでは，「正規分布から発生した確率変数同士を足し算したり，二乗してから足し算したり，その比をとったり，といった計算を行うと別の特定の分布に従うことが知られている」ということだけ押さえておいていただければ問題ありません。正規分布が分布の親玉ですから，それを使ってさまざまな計算を行おうとすると，こうして派生してできる分布も必要になるということです。

---

8) 単に確率分布の関数を足し算しているわけではないことに注意してください。あくまで，正規分布に従う**確率変数の足し算**の話です。

# 6.2 統計的検定

## ばらつきについて考える

　我々が得るデータには常に，ばらつき・誤差がつきものです。統計科学の枠組みでは，このばらつきが発生する確率に焦点を当てることにより，**データに見られる特徴が，たまたま発生しただけなのか，偶然では説明できない（つまり何らかの意味がある）のか**を評価します。

　データを実際に生成している確率分布のことを，**真の分布**（true distribution）といいます。データ分析ではこの真の分布のことを正しく知りたいわけですが，実際に得られるデータは限られています。限られたデータから何かを主張する場合（例えば，条件Aよりも条件Bの方が，着目する変数の平均値が大きいことを主張するなど），手元のデータから導かれる結果がどれくらい偶然でないのかを押さえる必要があります。

## 偶然の確率

　具体的な例について見てみましょう。あるコインを20回投げたところ，表が16回出たとしましょう。普通，コインを投げたら1/2の確率で表，1/2の確率で裏が出るものですが，この16回表という結果は，果たして「偶然」で片付けられるでしょうか？

　このコインを投げたAさんは，コインに何か仕掛けがしてあって，表が出やすくなっているのではないかと考えました。論理的には，次の2つの可能性のどちらかが考えられます。

> (1)コインに仕掛けはなく，1/2の確率で表が出るが，今回は**たまたま**表が16回も出た
>
> (2)コインに仕掛けがしてあり，1/2とは異なる確率で表が出る。その結果，16回も表が出た

　Aさんは(2)であることを疑っているわけですが，これを直接示すのは困難です。なぜなら，コインの表が出る真の確率には，1/2以外の無数の可能性が考えられるからです。逆に，(1)は1つの場合についての主張なので，比較的扱いやすいです。そこで，方針として「(1)でない」ということを示すことを考えます。この(1)を，**帰無仮説**（null hypothesis）といいます。要するに，何も特別なことは起きていないが，たまたまそうなった，という仮説が帰無仮説です。

　一方で，(2)の方を**対立仮説**（alternative hypothesis）といいます。一般に，示したい主張がここに入ります。

　さて，(1)でないことを示すには，それがどれくらいの確率でたまたま起きるのかを計算します。ただし，そのままの確率を計算するわけではないことに注意してください。コインを20回投げて16回表が出る確率を直接計算すると，$p = {}_{20}C_{16}(1/2)^{20} = 0.00462$[9]ですが，この確率が十分に大きいのか小さいのかを評価する基準がないからです[10]。その代わりに，「16回未満の値が出る確率はいくつか」を計算します。今回の場合，この確率は $p = 0.9941$ と計算されます。つまり，偏りのないコインを20回投げると，約99.4%の確率で1から15までの回数だけ表になるはずのところ，今回はそれ以外の事象が起きたと考えます。このようなことが起きる確率は，約0.6%です。このように，帰無仮説で説明したときにデータの事象が発生する確率を，**$p$値**（$p$-value）といいます。仮説(1)を採択すると，たまたまでは説明できないほど低確率の事象が起きたことになるので，もう一方の仮説(2)が正しかったのだということになります。このとき，コインの表が出る確率は，1/2からは**有意**（significant）に異なっていると結論づけます。

　計算された確率が，どのくらい小さければ偶然とは言えないか，という基準については事前に決めておく必要があります。これを**有意水準**（significance level）といい，$\alpha = 0.01$ のように表記します。この有意水準を採用すると，$p$値が0.01を下回った場合に，それは偶然では説明できないので帰無仮説を**棄却する**ということになります。この$\alpha$をいくつに設定するかについては分野によってまちまちですが，$\alpha = 0.05$ や $\alpha = 0.01$ が多く使用されます。

---

9)　この計算は標準的な高校数学の範囲なので，詳細な説明は割愛します。

10)　例えば，確率1/2で表が出るコインを1000回投げて500回表が出た場合，コインに偏りは全くなさそうですが，この事象が発生する確率は$p = 0.0252$です。これは「十分大きい」でしょうか？

## 平均に関する検定

　実際のデータを使った検定をもう少し見てみましょう。ここでは，あるデータが正規分布から生成されていると見なせるとします。これは統計検定で頻繁に用いられる仮定です。したがって，ある種の数理モデルが仮定されていることに注意しましょう。

　$n$個の数値からなるデータを考えます。「このデータが従っている真の確率分布の平均値が，ある値$\mu$と異なっているか」を検定してみましょう[11]。ここでは，真の確率分布の分散$\sigma^2$の値は既にわかっているものとします。

　まず，データから平均値を計算して，$\bar{X}$とします[12]。これを**標本平均**（sample mean）といいます。さらに，次のような量を計算します。

$$Z = \frac{\bar{X} - \mu}{\sigma / \sqrt{n}} \tag{6.2.1}$$

　この$Z$は，「データから得られた平均値が，今比較したい値である$\mu$からどれくらい離れているか」を表します。右辺の分母は，データが大きくばらついていたり，$n$が小さい場合には，標本平均が$\mu$から乖離しやすいということを補正する意味があります。この$Z$は，帰無仮説が正しければ，すなわち，データが平均値$\mu$，標準偏差$\sigma$の正規分布から独立に生成されていると仮定すると，標準正規分布$N(0, 1)$に従うことが知られています。したがって，先ほどのコインの例と同じように，このずれが発生する確率を評価することができます。

　ここで使用した$Z$のように，検定に使用する量のことを**検定統計量**（test statistic）といいます。統計検定では，基本的にデータから計算した検定統計量が特定の確率分布に従うことを利用して，そのような値が実現する確率を評価する，という流れで分析を行います。データの真の分布として仮定されている分布（多くの場合，正規分布）が正しくない場合，統計検定量が必ずしもそのような分布に従う

---

11) 例えば$\mu=0$とすれば，得られたデータを生成している確率分布が正（負）の平均を持っているのかを評価することができます。
12) $n$個の数値をすべて足し合わせて$n$で割れば計算できます。

わけではないことについては注意が必要です[13]。このような場合，分布によらない統計検定の手法である**ノンパラメトリック検定**がよく利用されます。

## 統計検定は万能ではない

統計検定の依って立つ論理では，「帰無仮説の上でデータの事象が偶然起きるにしては確率が低すぎる」といっているだけにすぎません。したがって，ここから導かれた結論にはいくつかの制約があります。

まず，帰無仮説が棄却されなかった場合，それは帰無仮説が正しいことを示したことにはなりません。帰無仮説で説明できないとはいえないということが示されるだけで，帰無仮説が正しいとはいえていない（要するに何も言えていない），ということに注意が必要です。

また，有意水準 $\alpha = 0.05$ で対立仮説が採択された場合には，「帰無仮説で説明するとデータが5%以下の確率で発生したということになる」わけですが，逆にいえば，20回に1回は帰無仮説で説明できてもおかしくないということです。したがって，データに対して統計検定を何度も行うと，計算上は有意になるものがたまたま発生することがあります[14]。

## 第一種過誤と第二種過誤

統計検定で発生する誤った推論結果についてまとめておきましょう（図6.2.1）。本当は帰無仮説が正しいのに，誤って帰無仮説を棄却してしまうことを，**第一種過誤**（type I error）といいます。コインの例でいえば，偏りのないコインを投げているのに，偶然表がたくさん出てしまった結果，「偏りのあるコインだった」と結論付けてしまうことに対応します。統計検定では，有意水準 $\alpha$ の確率でこのような誤った結論が導かれます。

---

13) どれくらいデータが正規分布とみなせるか（正規性）を評価する方法はいくつも存在していて，必要に応じて利用されます。

14) したがって，検定を複数回行う必要があるときには，このような問題が発生しないように補正を行うなどの対応が必要になります。関連して，論文などではしばしば有意になった結果しか発表されないので，たまたま有意になっただけの結果が「濃縮」されていると考えられます。$p$ 値が0.05や0.01を下回ってさえいればいい，という安易な考えで再現性のない研究結果が氾濫していることが，現在さまざまな分野で問題視されています。

一方，対立仮説が正しいのに，帰無仮説を棄却できないことを**第二種過誤**（type II error）といいます。本当は偏りがあるコインなのに，20回投げたくらいでは通常のコインと見分けがつかない，という状況に対応します。この第二種過誤が発生する確率を$\beta$とすると，正しく結論を導く確率である$1-\beta$のことを，**検出力**（power）といいます。統計検定においては，$\alpha$と$\beta$を同時に小さくすることはできません。14.2節でも関連する話題について解説します。

図6.2.1　統計検定の結果と過誤

| | | 真実：帰無仮説が正しい | 真実：対立仮説が正しい |
|---|---|---|---|
| 検定の結果 | 帰無仮説を採択 | 真陰性 true negative | 偽陰性 false negative 第二種過誤 |
| 検定の結果 | 帰無仮説を棄却（＝対立仮説を採択） | 偽陽性 false positive 第一種過誤 | 真陽性 true positive |

## 統計検定の実施

本書では紙面の都合上，ごく一部の統計検定のみ紹介しましたが，扱うデータの種類に応じて，さまざまな統計検定手法が存在します[15)]。こうした統計検定の実施については，必要なソフトウェアが十分に整備されています。最もよく使われているのがRです。また，Pythonでもほとんどの分析をSciPyなどのライブラリで行うことが可能です。簡単な分析であればExcelも有用です。また，清水裕士氏が開発・公開しているHADはExcelをベースにしたフリーウェアで，普段プログラミングをしないユーザーでも使いやすく人気があります。有料のソフトウェ

15) しっかりした入門書としては，東京大学教養学部統計学教室編『統計学入門』（東京大学出版会），実践的な解説書としては例えば嶋田正和，阿部真人『Rで学ぶ統計学入門』（東京化学同人）があります。

アでは，SPSS，JMP，エクセル統計などがよく知られています。基本的にどのソフトウェアでも使える分析手法に大差はありませんが，特殊な統計手法についてはサポートされていないこともあります。

# 6.3 回帰分析

## 線形モデルの妥当性

　3.1節で線形モデルの解説をしました。これは，ある変数の値を別の変数たちの線形和で表現するというモデルでした。ここでは，統計モデルの視点からもう少し細かく見てみましょう。

## 同じ線形モデルでも・・・

　ある2つの条件において，別々に得られたデータの特徴について考えていきます。1つ目のデータも2つ目のデータも，同じ変数$X, Y$の値の組からなっています。これらをそれぞれグラフにプロットすると，図6.3.1のようになりました。最小二乗法による線形回帰を行うと，データを説明する式としてどちらも，$Y = 0.5X$という関係式が得られました。この2つを比較すると，式は同じですが，データ1の方がデータの散らばりが少なく，線形モデルでよく説明できているように見えます。

　この2つの線形モデルの「良さ」を比較評価することができないでしょうか？

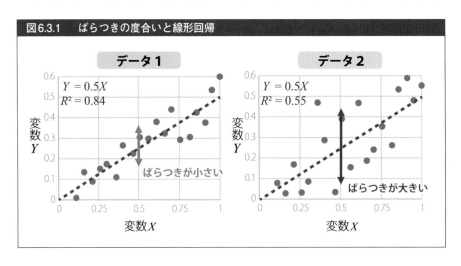

**図6.3.1　ばらつきの度合いと線形回帰**

そのために，以下のような手続きを行います。まず，1つのデータ点，ここでは$i$番目のデータ点を$(x_i, y_i)$と表し，回帰して得られた関係式（$Y = 0.5X$）との差（誤差）を，$e_i$と明示的に書いておきましょう。

$$y_i = 0.5x_i + e_i \tag{6.3.1}$$

ここで，一旦$x_i$のことを忘れて，$y_i$だけのデータとして全体を眺めてみます（図6.3.2）。この$y_i$にはいろいろな値がありますが，その違いは$X$の値が違うことによって生じているのか，そうではなく別の要因（ここでは$e_i$と表されています）によって生じているのかを評価してみましょう。

$y_i$のばらつきの度合いのうち，$e_i$に起因する割合を考えれば，これが小さければ小さいほど回帰式（6.3.1）がよく$y_i$の値の散らばりを説明しているということになりそうです。「値が大きいときに当てはまりが良い」指標としたいので，これを1から引くことにより，**決定係数**（coefficient of determination）を定義します（図6.3.2）。この値が1に近いほど，当てはまりが良いということになります[16]。

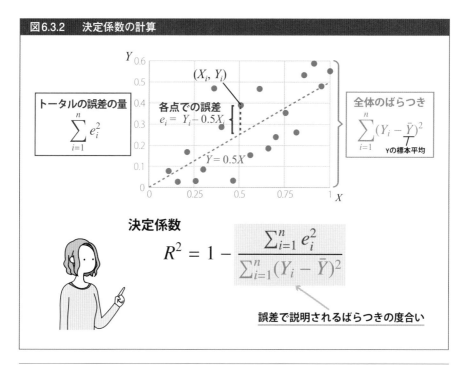

図6.3.2　決定係数の計算

トータルの誤差の量
$$\sum_{i=1}^{n} e_i^2$$

各点での誤差
$e_i = Y_i - 0.5X_i$

全体のばらつき
$$\sum_{i=1}^{n}(Y_i - \bar{Y})^2$$
$Y$の標本平均

$\hat{Y} = 0.5X$

$(X_i, Y_i)$

決定係数
$$R^2 = 1 - \frac{\sum_{i=1}^{n} e_i^2}{\sum_{i=1}^{n}(Y_i - \bar{Y})^2}$$

誤差で説明されるばらつきの度合い

---

16) $R^2$という表記から，0より小さい値はとらないような印象を与えますが，あまりに悪いモデルを強制的に仮定した場合には負になることもあります。

実際に図6.3.1では，当てはまりの良いデータ1の方では$R^2 = 0.84$と大きめの値が，一方データ2の方では$R^2 = 0.55$と小さめの値が計算されています。

## ピアソン相関係数による評価

決定係数と同じように，データがどれくらい線形の関係で説明できるかを表す指標として，**ピアソン相関係数**（Pearson's correlation coefficient）もよく使われます。これは，2つの変数がどれだけ同じように変動しているかを定量化した指標で，次の式で表されます。

$$r = \frac{\sum_{i=1}^{n}\left(X_i - \overline{X}\right)\left(Y_i - \overline{Y}\right)}{\left(\left(\sum_{i=1}^{n}\left(X_i - \overline{X}\right)^2\right)\left(\sum_{i=1}^{n}\left(Y_i - \overline{Y}\right)^2\right)\right)^{1/2}} \tag{6.3.2}$$

この$r$は，−1から1までの値をとり，絶対値が大きいほど線形モデルの当てはまりが良いことを表します。正の値の$r$は，1つの変数が大きくなればもう一方の変数も大きくなる**正の相関**があることを意味し，逆に，負の$r$は片方が大きくな

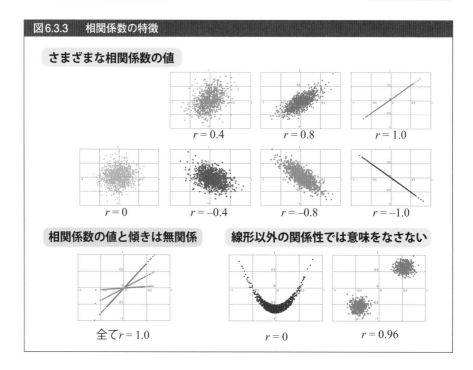

図6.3.3　相関係数の特徴

**さまざまな相関係数の値**

$r = 0.4$　　$r = 0.8$　　$r = 1.0$

$r = 0$　　$r = -0.4$　　$r = -0.8$　　$r = -1.0$

**相関係数の値と傾きは無関係**　　**線形以外の関係性では意味をなさない**

全て$r = 1.0$　　$r = 0$　　$r = 0.96$

ればもう片方は小さくなるという**負の相関**があることを意味します（図6.3.3）。なお，ピアソン相関係数は，具体的に線形回帰を実行しなくても計算できる量です。この$r$の値の大きさは線形回帰で得られた直線の傾きとは直接関係なく，あくまで「線形の関係でデータがどれくらい説明できるか」を表していることに注意してください。また，データが線形でない複雑な散らばり方をしている場合，相関係数の値による解釈ができなくなります（図6.3.3）。

なお，線形回帰の文脈では，実はこの相関係数の値の二乗$r^2$は，上で説明した決定係数$R^2$と一致するので覚えておくといいでしょう。

## 当てはまりの良さだけで結論していい？

ここまでで，線形回帰の当てはまりの良さを評価する指標について見てきました。決定係数や相関係数が高ければ，線形モデルでデータをよく説明できるということです。ただし，実はこれだけではまだ不十分なのです。

図6.3.4に，新たに用意したデータに対して，同じように線形回帰を実施したものを示します。この2つのデータでは，どちらも同じ回帰式と決定係数が得られています。しかし，データ4の方は明らかにデータ点の数が少なく，たまたま一列に並んだだけかもしれません。このとき，データ4についても変数$X$と$Y$の間に線形な関係があると結論付けていいのでしょうか？

そのような時には，統計検定が活躍します。この統計検定には，相関係数$r$に基づいて行う方法と，回帰して得られる式の係数$\beta$（**回帰係数**といいます）に基づいて行う方法があります。

まず，線形回帰した式とそれぞれのデータ点との誤差$e_i$が，同一の正規分布$N(0, \sigma^2)$からランダムに発生していると仮定します。その上で，相関係数が$r=0$（または回帰係数$\beta$について検定を行い，$\beta=0$）を帰無仮説に設定します。要するに，本当は変数$X$と$Y$の間には線形の関係は何もないのに，たまたま関係があるように見えてしまう確率を評価するということです。$r$（または$\beta$）に基づいて検定統計量を作ると，**$t$分布**という分布に従うことが知られています（$t$分布を使って行う検定を，**$t$検定**（$t$-test）といいます）。この確率分布に基づいて，得られた$r$や$\beta$の値が偶然発生したといえるのかどうかを評価します。

実際に，図6.3.4のデータにこの統計検定を行うと[17]，データ3についてはp値が $p = 2.5 \times 10^{-8}$ で $\alpha = 0.05$ で有意，データ4については $p = 0.069$ で有意でない，という結果が得られます[18]。

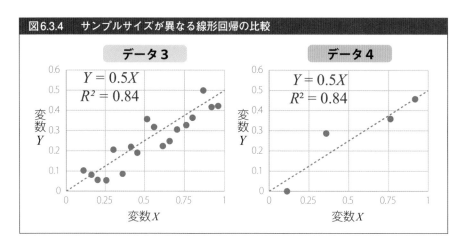

図6.3.4　サンプルサイズが異なる線形回帰の比較

## 変数の数が増えた場合は重回帰分析

ここまで，目的変数が1つ（$Y$），説明変数が1つ（$X$）の線形モデルについて見てきました（これを**単回帰**といいます）が，説明変数が複数ある場合には，**重回帰分析**がよく使用されます（3.1節）。本節で紹介した考え方は，多変数になってもほぼそのまま使えます。これにより，説明変数が複数ある場合に，どの要因が目的変数に関係しているのか・いないのかを評価することができます。

## 線形でないモデル

線形モデルでは，次のような強い仮定[19]を置きました。

- ・変数の間の関係が線形（直線）の関係式で表される
- ・誤差が常に同じ正規分布に従う

---

17) 例えば，Excelの「データ分析」→「回帰分析」でも簡単に実施することができます。
18) $r$ と $\beta$ のどちらについて統計検定を行っても，同じ結果が得られます。
19) モデルを制約する条件が厳しい場合（特殊なケースしか当てはまらない場合），それを「強い」仮定といいます。逆に緩い条件を課した場合は，「弱い」仮定といいます。

実際にこのような仮定が成り立たないことはよくあります。

例えば，とあるコンビニのATMにおける午前中の来客数を，時間帯別に集計したものを考えましょう（図6.3.5）。これは午前5時〜6時，7時〜8時，…,10時〜11時までのそれぞれの時間帯で，来客者の数をカウントする作業を10日間行った結果です。このデータを見ると，早い時間帯にはほとんどお客さんが来ませんが，10時を過ぎると一気に増えてくるといった状況が表現されています。このデータに線形モデルをあてはめると，図6.3.5左のようになります。当てはまりは良くないですし，5時〜6時の来客者については負の値になってしまっています。また，来客者数が多い時間帯で，データのばらつきもそれに応じて大きくなっている点も気になります。

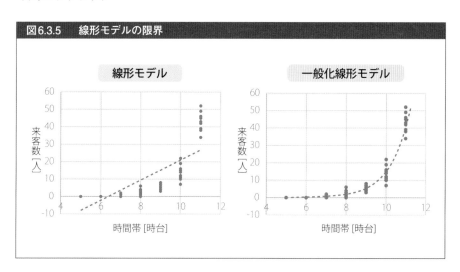

**図6.3.5　線形モデルの限界**

これを解決する方法の1つが，**一般化線形モデル**（generalized linear model）を利用する方法です。$x$時台（$x$時〜$(x+1)$時）の来客者数が，（正規分布ではなく）到着率$\lambda_x$のポワソン過程に従ってばらついていると仮定します。この過程は到着の分布をうまく表現するのに使えるので（このことは，5.3節の待ち行列理論で説明しました），値がマイナスになったりしませんし，ばらつき（分散）も到着率に比例します。

ここでは，この到着率を次の式で仮定します[20]。

---

20) なぜ，このような指数関数を使ったのかについては一旦置いておきます。

$$\lambda_x = \exp\left(\beta_1 + \beta_2 x\right) \tag{6.3.3}$$

$\beta_1$と$\beta_2$はパラメータです。このモデルのパラメータを推定することにより，今回は図6.3.5右のように，線形モデルよりも上手くデータを表現することができました。

　このように，使える式の形，確率分布のバリエーションを増やしたのが，一般化線形モデルです。データがどのような性質のものか（今回の場合は，ランダムなイベントの発生数をカウントしたものでした）に応じて，推奨される関数の組が存在しています[21]。通常の線形モデルとは明らかに乖離したデータを扱う際には，ぜひ利用すると良いでしょう[22]。

---

21) ここでは詳細は述べませんが，ばらつきを表現する関数は，指数分布と呼ばれるある種の分布に限定されます。
22) 一般化線形モデルについての本格的な入門書としては，例えば久保拓弥『データ解析のための統計モデリング入門』（岩波書店）があります。

## 第6章のまとめ

- ●正規分布は確率分布の親玉的な存在として，さまざまなところで利用される。
- ●仮定した確率モデルを使って，データの背後にある真の分布に関する推論を行う手続きのことを，統計的検定という。
- ●線形モデルの妥当性を統計的検定によって評価することができる。
- ●一般化線形モデルを使えば，モデルの非線形性やばらつきの分布をより自由に選択できる。

## 第二部のまとめ

　ここまでで，方程式モデル，微分方程式モデル，確率モデル，統計モデルについての基礎事項を解説しながら，重要な概念についても紹介してきました。最適化，微分方程式，安定性，確率過程，定常状態の解析，統計的検定などは特に，第三部で扱う，より高度なモデルたちの理解に大いに役立ちます。

　やや数学的な内容が多くなってしまったので，普段数式を見慣れない読者の方には少し大変だったかもしれません。今回は最低限必要な概念についてだけ取り上げ，わかりやすい記述を心掛けましたので，ぜひ，できるだけ消化して次に進んでいただければ幸いです。

# 第三部
## 高度な数理モデル

　第三部では，時系列モデル，機械学習，強化学習，多体系モデル・エージェントベースモデルといった，実戦で多用されるモデルたちについて解説します。モデルごとに守備範囲や強みが異なっていますが，どれも有力な方針です。また，次元削減の手法やネットワーク科学，非線形時系列解析などの複雑なシステムを分析する際に重要なキーワードとなる解析法についても幅広く紹介します。問題に応じて適切なアプローチをとるために，これらの知識が役に立つでしょう。

# 第7章

# 時系列モデル

何かの量の時間変化を表す「時系列データ」は，さまざまな場面で頻繁に登場します。こうした時系列データは，他の種類のデータには無い特有の性質を持つことがあり，分析の際には特に注意が必要です。本章では，この性質をうまく分析する手法や，どのような情報を引き出すことができるかについて紹介します。

# 7.1 時系列データを構成する構造

## さまざまな時系列

　一口に時系列といっても，さまざまなものがあります。例をいくつか図7.1.1[1]に示します。

> ・図7.1.1上段に示しているのは，航空機の旅客数やイギリスにおけるガス使用量が年を追って変化する様子をグラフ化したものです。全体的な傾向として社会の発展に伴って増えていっている様子がわかります。また，夏と冬では人々の行動が違い，その影響は毎年同じように表れるので，規則的なギザギザした変動（**周期変動**）も見て取れます。
>
> ・ドイツの平均株価の推移を示したデータ（図7.1.1中段左）では，全体的に上昇していく傾向が見て取れますが，ギザギザの大きさがまちまちで，周期的な特徴は見て取れません。
>
> ・心臓音のデータ（図7.1.1中段右）は，無音の状態である0の値を基準として，音が鳴っている瞬間に細かい波が立っています。
>
> ・**カオス**（chaos）と呼ばれる性質を持つ時系列，およびランダム時系列（図7.1.1下段）は，ぐちゃぐちゃした見た目をしていますが，この中から何か意味のある量を抜き出すことができるでしょうか？

---

1) 旅客データ・ガス使用量・ドイツの平均株価データはそれぞれRのサンプルデータセット "AirPassenger"，"UKgas"，"EuStockMarkets" を使用しました。心臓の音については，ミシガン大学医学部が公開しているオープンデータを使用しました（http://www.med.umich.edu/lrc/psb_open/html/menu/index.html）。カオス時系列およびランダムデータは，モデルから作成した人工データです。

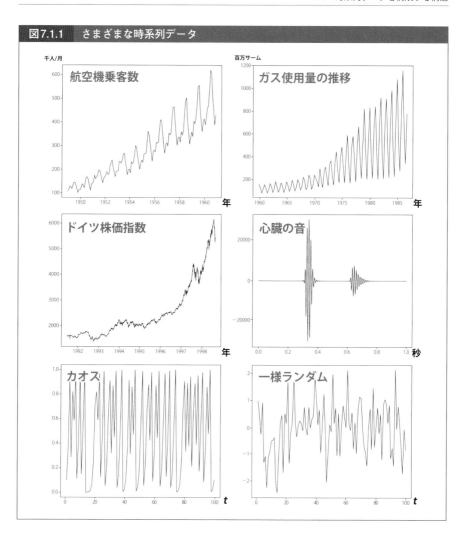

## いろいろなアプローチ

　図7.1.1では，時系列データの中のごく一部の例を紹介しただけですが，これだけでもさまざまなバリエーションがあることがおわかりいただけたかと思います。時系列データの分析に対しては，根本的に異なるいくつかのアプローチがあり，扱う問題や目的に応じて適切な方法が異なります。ここでは簡単に，時系列のどのような性質に注目すればよいかということについて，基本的な考え方をいくつか紹介していきます。

## トレンド＋周期成分＋ノイズ

　時系列において，比較的長い時間スパンで見たときの緩やかな増加や減少の傾向を**トレンド**（trend）といいます。最初に紹介した航空機の旅客数やガス使用量のデータでは，全体として増加方向のトレンドがありました。一方，これらのデータを短い時間スパンで見ると，周期的な変動，つまり毎年似たような形のギザギザした変動があります。つまり，**全体としては増加の傾向があって，それに周期変動のギザギザをプラスしたものを考えれば，データの振る舞いを概ね説明できるのではないでしょうか？**　それによって説明できない誤差は，ノイズとして扱います（図7.1.2）。このような方針は，問題によっては非常にうまく機能します。

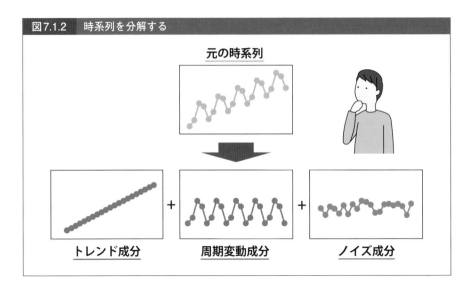

図7.1.2　時系列を分解する

元の時系列

トレンド成分　＋　周期変動成分　＋　ノイズ成分

## 周波数成分

　問題によっては，時系列データを波の集まりとして捉えることで情報を抜き出せる場合があります。図7.1.3に示すように，「波」は数学的には三角関数 sin（cos）または，それらと等価な表現である複素数の指数関数で表されます（図4.1.3でも登場しました）。波の細かさを表す**周波数**（frequency）は，音でいえば音程の高さに対応します。特定の原因から発生する振動的な振る舞いやノイズは，それ特有の周波数をもっていることがあります。したがって，**データにどういった周波数の波がどれくらい含まれているのか**を見ることが非常に有力な方針となります。

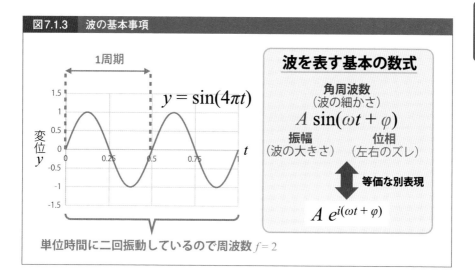

**図7.1.3　波の基本事項**

1周期

$y = \sin(4\pi t)$

変位 $y$

単位時間に二回振動しているので周波数 $f = 2$

**波を表す基本の数式**

角周波数
（波の細かさ）

$A \sin(\omega t + \varphi)$

振幅
（波の大きさ）

位相
（左右のズレ）

等価な別表現

$A\, e^{i(\omega t + \varphi)}$

## 特定の非線形構造がある場合

　4.2節では，非線形な微分方程式で記述されるシステムについて簡単に紹介しました。このように時系列の背後に非線形な構造が隠れている場合，単純な解析ではうまく分析できないことがあります。一方で，非線形なシステムの一部が有する特徴をうまく使うことで，高度な分析を行うことができる場合もあります。このような分析手法を**非線形時系列解析**といいます。

## 時系列が定常かどうか

　時系列データ解析における**定常性**という概念について説明します。

　多くの解析手法では，時系列を確率過程から生じた実現値だとみなして解析を行います。このとき，データの背後にある確率過程自体が時間的に変化していると，うまく分析をすることができません。「確率過程が変化する」とは，例えば平均値や分散が変わってしまったり，時間的な構造が変化してしまうことを指します[2]。明確なトレンドがあったり，周期的に外的な影響が作用している場合などもこれにあたります。時系列が非定常な性質を持っている場合，それを取り除いた

---

[2]　背後にある確率分布が時間的に全く変化しないことを，**強定常**といいます。一方，平均値，分散，自己相関（7.4節）が時間に依存しないとき，これを**弱定常**であるといいます。一般的な分析では，弱定常性だけが要求される場合がほとんどです。

り，うまくモデルに含めることが重要になります。

## 時間を説明変数にして普通に統計検定を行なってはいけない

　例えば，着目する変数（航空機の乗客数など）を時間の関数として普通に線形回帰したり，統計検定を行なってはいけないのでしょうか？

　実は，これは誤った結論を導く原因となります。多くの統計検定ではノイズが正規分布であると仮定したり，隣接する点でも独立にノイズの値が決まるという仮定を置きます。しかし時系列データでは，隣接する点の間に関係があったり，周期的な変動が含まれていたりします。したがって，これらの構造をしっかりと含めたモデリングによって結論を出さなくてはいけません[3]。

---

3)　時系列のノイズに相関があるかを統計的検定で判断する方法もあります。

# 7.2 観測変数を使ったモデル

## 予測に使えるモデルたち

　時系列データ分析の1つの問題設定は，過去のデータに基づいて未来を予測することです。このためには，時系列を直接モデルで表現し，そのモデルに基づいて予測値を得る必要があります。当然，そのモデルがどれくらいデータの本質的な性質を捉えているかに応じて，予測の精度は異なります。

　ここからは，基本的なモデルから実戦で十分に使えるモデルまで紹介していきますが，解析の作業自体はいずれもライブラリが整備されているので，自分で一から実装しなくても実施することができます。本書では紙面の都合上，モデルの概要や考え方を紹介することを重視し，モデルごとの分析例については割愛します。実際の分析例については，参考文献に挙げた書籍等を参照していただければと思います。

## ARモデル

　時系列データでは，データ点の間に何らかの時間的な関係があるわけですから，この関係をモデル化しようというのが自然な発想となります。単純な場合として，ある時点の変数の値$x_t$が，その1つ前の時点での値$x_{t-1}$と関係している，という式を書いてみましょう。

$$x_t = c + \phi x_{t-1} + \varepsilon_t \tag{7.2.1}$$

　ここで，$c, \phi$は定数のパラメータ，$\varepsilon_t$はノイズの項です。ノイズは平均が0で，分散が$\sigma^2$の確率分布から毎回独立に決定されるとします。これを**ホワイトノイズ**（white noise）といいます[4]。このモデルは，確率モデルとして見ると，$x_t$が平均（$c + \phi x_{t-1}$），分散$\sigma^2$のノイズ分布から生成される，と解釈することもできます。このような関係性を仮定したモデルのことを**自己回帰モデル**（autoregressive model），または頭文字をとって**ARモデル**といいます。より一般に，1時点前だけでなく，

---

[4]　分布の形は必ずしも正規分布に限定されません。

$p$ 時点前まで遡って変数に加えたモデルを AR($p$) という記号で表現します。

$$x_t = c + \phi_1 x_{t-1} + \phi_2 x_{t-2} + \cdots + \phi_p x_{t-p} + \varepsilon_t \qquad (7.2.2)$$

このモデルが本節で紹介するモデルたちの基本となります。このARモデルは変数をそのまま多変数のベクトルに拡張することもできて、それを**ベクトル自己回帰**（VAR；vector autoregressive）**モデル**と呼びます。

## ARMA モデル

ARモデルでは、ノイズが毎時刻独立に変数に加算されるという仮定を置きましたが、そうではなく、ある時点でのノイズが $q$ 時点後まで影響を与えると仮定してみましょう。

$$x_t = c + \sum_{i=1}^{p} \phi_i x_{t-i} + \varepsilon_t + \sum_{i=1}^{q} \psi_i \varepsilon_{t-i} \qquad (7.2.3)$$

これを **ARMAモデル**（autoregressive moving average model）といいます。新たに加えた過去のノイズの項は、**移動平均**（moving average）と呼ばれます。これで、普通の線形回帰では表現できないノイズの間の関係性が表現できるわけです。記号を使って ARMA $(p, q)$ のように表現することもあります。

## ARIMA モデル

元の時系列において定常性が満たされていない場合、ARモデルやARMAモデルを適用することができません。しかし、各時刻で前後の値の差をとって（**差分**といいます）各時刻での変動分の時系列を作ると、近似的に定常とみなせることがしばしばあります（経済データなど）。この手続きはトレンドを除くことに対応します。このように差分をとってからARMAモデルを適用する方法を、**ARIMA**（autoregressive integrative moving average）**モデル**といいます。差分をとって作った時系列において、さらに差分をとってから分析することも可能です（2回以上の差分を使うことはあまりありませんが）。

## SARIMA モデル

　トレンドに加えて周期変動もある場合，それを除いてから分析する方法が考えられます。例えば，1年の中で起こる季節変動を除去したい場合，前年の同じ時期の値との差分をとった時系列を作ります。このようにして作った時系列に対してARIMAモデルを適用する方法を，**SARIMA**（seasonal autoregressive integrative moving average）**モデル**といいます。

　ここまで紹介したモデルたちの関係を図7.2.1に示します。これらは古典的な時系列モデルですが，適切に使用すれば十分なパフォーマンスを発揮してくれます。

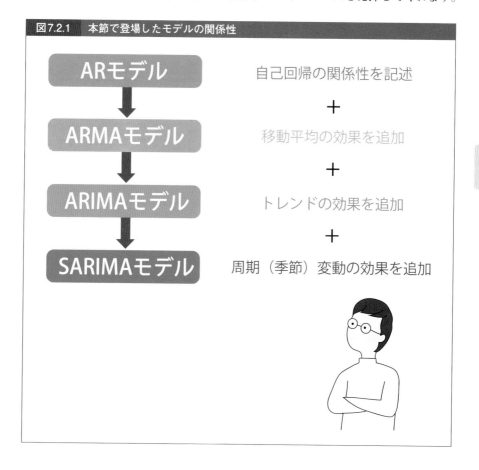

**図7.2.1** 本節で登場したモデルの関係性

# 7.3 状態空間モデル

## 状態変数を含むモデル

　時系列を分析するための強力な手法の1つが，**状態空間モデル**（state space model）です。まず最初に強調しておきたいのが，「状態空間モデル」というのは非常に広い概念で，前節で説明したARモデルのような個別のモデルを指すわけではないということです。状態空間モデルの枠組みの上で，問題や分析の方針に従って個別の設定が行われると考えてください。ですので，まず状態空間モデルとは何かという概念的な説明から始めたいと思います。

　実際にデータを観測できる変数のことを，観測変数といいました（2.1節）。ここまで紹介したモデルは，この観測変数の間の関係を記述するモデルですが，ここに**状態変数**（state variable）と呼ばれる潜在変数を追加します。この状態変数を考えることにより，より柔軟なモデリングが可能となります。わかりやすい利点としては，自己回帰モデルなどで必要とされる定常性を満たさないような時系列に対しても，モデルを適用できることなどが挙げられます。

　具体的に状態変数が何を表すかについては，問題の設定から自ずと決まる場合もあれば，ある程度決まったノウハウで設定される場合もあります。また，状態変数をうまく選べば，前節で紹介したような自己回帰モデルと同等のモデルを表現することもできます。

　このように，状態空間モデルは非常に汎用性の高い手法であるといえます。

## 状態空間モデルの一般的な表現

　それでは，まず状態空間モデルの一般的な定義について説明します（図7.3.1）。時間によって変化する状態変数を$x_t$とします。$x_t$は一次元の変数でもいいですし，いくつかの変数をまとめたベクトルでも構いません。この状態変数$x_t$の時間変化を記述する方程式を用意します。これを**システム方程式**（system equation）といいます。

　状態変数はこのシステム方程式に従って時間発展していきますが，各時刻でシ

ステムから観測変数の値$y_t$を得ます。$y_t$についても，一次元の変数を仮定しても
いいですし，多次元のベクトルを考えても構いません。このとき$y_t$が潜在変数$x_t$
の関数に従って生成されるとします。この関数のことを，**観測方程式**（observation
equation）といいます。そして，このシステム方程式と観測方程式を合わせたも
のが状態空間モデルです。

　かなり抽象的な書き方でわかりづらく感じた方もいらっしゃるかもしれません。
次に，もう少し具体的に見ていきましょう。

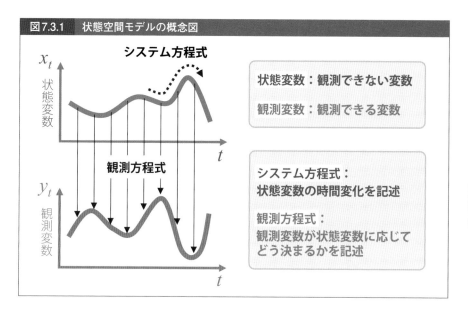

**図7.3.1　状態空間モデルの概念図**

## 離散時間・線形・ガウス型モデル

　時系列解析において最もスタンダードな状態空間モデルについて説明します。
前節で紹介したモデルたちのように，時間について，$t = 1, 2, \cdots$と離散的に数えら
れる場合を考えます。状態変数と観測変数の時間変化が以下の形で与えられると
き，このモデルを**線形ガウス型状態空間モデル**といいます。

$$\begin{cases} x_t = G_t x_{t-1} + w_t \\ y_t = F_t x_t + v_t \end{cases} \tag{7.3.1}$$

$G_t$と$F_t$は時間に依存してもいい係数行列で，$G_t$を**状態遷移行列**[5] (state-transition matrix)，$F_t$を**観測行列** (observation matrix) といいます。また，$w_t$と$v_t$は正規分布に従うノイズの項です[6]。

このモデルは，別名**動的線形モデル** (dynamic linear model; DLM) と呼ばれます。このモデルの汎用性は高く，状態遷移行列・観測行列を調整することで，さまざまな状況に即した分析を行うことが可能です。例えば，状態変数にトレンドを表す項や別の説明変数の値を入れて分析することもできます。動的線形モデルに基づいた分析を実施するためのパッケージとしては，Rのdlm, Pythonのstatsmodelsやpydlmなどがあります。

## その他の場合の状態空間モデル

前項で紹介したモデルでは，方程式に対する線形性とノイズに対する正規性を仮定しました。また，時間については離散時間のダイナミクスを前提としました。もちろん，これらの仮定を外した，より一般的なモデルを考えることも可能です。この場合，モデルのタイプに応じてモデル推定の難易度が変化します。

時間を連続とした場合の状態空間モデルは，制御理論の文脈（例えば，機械を制御するときに観測できる変数だけからシステムの状態を推定するニーズがあります）で深く研究されており，整備された理論体系が存在しています。特に，「どのようにしてシステムの状態を所望の状態にすることができるか」に焦点を当てた方法論は，一般のデータ分析の文脈でも非常に有用です。

このように，似た問題設定で異なる分野の学術体系がつながるのは，数理モデルの非常に面白いところです。

---

5) 5.2節の確率モデルのところでも同じ用語が出てきました。1つ前の時点の状態に掛け算すると次の状態が出てくる行列，という意味では同じですが，厳密な定義は異なることに注意してください。ここでは，状態確率ではなく**状態そのもの**に対する更新を行っています。

6) $w_t$の方はベクトルで，複数の確率変数をひとまとめにしたものです。それぞれの確率変数は別々の正規分布に従ってもいいですし，多変量正規分布と呼ばれる正規分布の多次元版に従ってもいいです（前者は後者に含まれています）。

最後にいくつか参考書を挙げておきます[7]ので，これらのモデルに深く取り組んでみたい方はぜひ参考にしてみてください。

---

7) 基礎的な内容から実際の分析まで解説した参考書としては，例えば，馬場真哉『時系列分析と状態空間モデルの基礎：RとStanで学ぶ理論と実装』（プレアデス出版），理論的に本格的な内容までカバーした参考書としては，沖本竜義『経済・ファイナンスデータの計量時系列分析』（朝倉書店）がおすすめです。

# 7.4 その他の時系列分析法いろいろ

## 自己相関で時間構造を特徴づける

　ここからは，必ずしも時系列を直接表現するモデルを使わない分析手法について簡単に紹介していきます。最初に紹介するのは，**自己相関**（autocorrelation）という量を使った分析です。これは，着目する変数が$\tau$時点離れた点同士でどれくらい似ているかを表した指標で，時系列の時間的構造を捉えるのに重要な情報となります（図7.4.1）。

　この例では，7.1節で紹介した航空機乗客数のデータに対して自己相関を計算しています。12ヶ月のところにピークが見えるのは，周期的な変動があり，1年分データをずらすと似たような動きをしていることに対応しています。

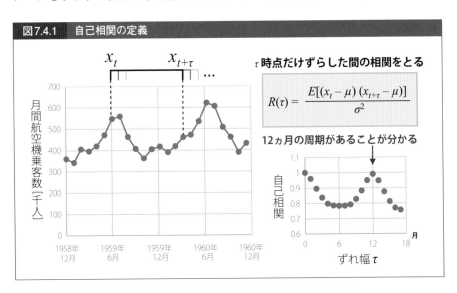

**図7.4.1　自己相関の定義**

$x_t$　$x_{t+\tau}$　…

$\tau$時点だけずらした間の相関をとる

$$R(\tau) = \frac{E[(x_t - \mu)(x_{t+\tau} - \mu)]}{\sigma^2}$$

**12ヵ月の周期があることが分かる**

月間航空機乗客数（千人）

自己相関

ずれ幅$\tau$

月

## 異常拡散による特徴づけ

　自己相関を計算するときに行ったように，時系列において，$\tau$だけ時間が離れたときに，値がどれくらい変化するか（この量を$\Delta x$とします）を計算してみましょう。ここで，その変化量の標準偏差$\sigma(\Delta x)$を考えます。この量は，時間が離れた

ときにどれくらい結果がばらついて予測できなくなるかを表します。もし，各時刻でのノイズが完全にランダムに独立である場合，この量は$\tau^{0.5}$に比例します。変数の値がこのように広がっていくことを，**拡散**（diffusion）といいます。

　一方で，株価の時系列データや細胞内での物質の拡散現象などでは，この指数が0.5から離れることがあります。これを**異常拡散**（anomalous diffusion）[8]といいます。この異常拡散を捉える方法として，**ハースト指数**（Hurst exponent）$H$という指標が知られています。

　これは，先ほどの標準偏差を，

$$\sigma(\Delta x) \propto \tau^{H} \tag{7.4.1}$$

と時間のずれ$\tau$のべき乗則（3.2節）で表したときに，指数に表れる数字に名前を付けたものです。この値によって，ノイズが過去のノイズと関係しているかどうか（**記憶性**といいます）を特徴づけることができます。[9][10]

## フーリエ変換による周波数解析

　データにどのような波がどれくらい含まれているのかを分析するのが，**フーリエ変換**（Fourier transform）と呼ばれる手法です。基本的な考え方としては，与えられたデータを三角関数の和で表します。その中で各々の周波数がどれくらい使用されているかを見ることで，データの特徴を捉えることができます（図7.4.2）。

　フーリエ変換は，4.4節で紹介したラプラス変換に似た数学的な変換で，元の関数を時間の関数から周波数の関数に変換します。図7.4.2では，心臓の鼓動のデータにこれを適用しました。**パワースペクトル**という量を見ることで，特徴的な音の高さに対応する周波数の成分が多く含まれていることがわかります。[11][12]

---

8) 異常拡散は時系列のフラクタル性，カオスなどとも関連が深く，数理的にも非常に興味深い現象です。

9) また，この指標を非定常な時系列にも適用できるようにしたdetrended fluctuation analysisという手法も良く使用されます。

10) 同様に，自己相関が$\tau$に対してべき乗で減少していくことがあります。このとき，次に紹介するパワースペクトルの周波数に対するスケーリング指数を求めると，ハースト指数も合わせて全部で3つ指数が計算されたことになります。実は，この3つの指数は間に簡単な関係式があり，本質的に同じ情報を持っています。

11) 周波数の成分が時間的に変化するデータの場合，**スペクトログラム**と呼ばれる分析や，**ウェーブレット変換**などの手法も良く使用されます。

12) また，このパワースペクトルの分布が周波数のべき乗や指数関数で表されるときには，次に説明するカオスや非線形的な構造が背後にあることが示唆されます。このように，パワースペクトルはさまざまな情報を含んでいます。

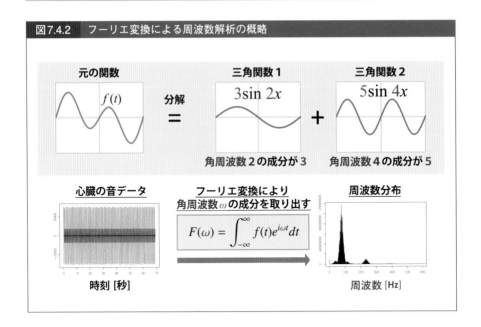

図7.4.2　フーリエ変換による周波数解析の概略

元の関数　$f(t)$　分解　$=$　三角関数1　$3\sin 2x$　$+$　三角関数2　$5\sin 4x$

角周波数2の成分が3　　角周波数4の成分が5

心臓の音データ　　フーリエ変換により角周波数 $\omega$ の成分を取り出す　　周波数分布

$$F(\omega) = \int_{-\infty}^{\infty} f(t)e^{i\omega t} dt$$

時刻 [秒]　　周波数 [Hz]

## カオス・非線形時系列解析

　神経活動や，ある種の化学反応などのさまざまな時系列データで，カオス[13]と呼ばれる性質が見られることが知られています[14]。ここでは詳細には踏み込みませんが，**非線形時系列解析**という分野で使われる方法論・アイディアを簡単にいくつか紹介したいと思います。

　1つ目は，**遅れ座標**（delay coordinate）と呼ばれる方法です。これは時系列データの前後いくつかの点（$n$個としましょう）をひとまとめにして，$n$次元の空間の中の1点と捉える方法です（図7.4.3）。この手続きにより，カオス時系列に対して特定の構造が見える場合があります[15]。また，その構造を利用して，時系列データ

---

13) 一般的には，非線形な決定論的力学系から生じる有界（値が一定の範囲に収まっている）な非周期ダイナミクスのことを指しますが，厳密な定義としては確立したものはありません。確率的な過程から出てきたものは基本的にカオスになりません。また，連続力学系の場合，3次元以上でないとカオスは出現しません。本書ではカオスの詳細については割愛しますが，興味が湧いた読者の方におすすめする入門書としては，例えばSteven H. Strogatz『非線形ダイナミクスとカオス』（丸善出版）があります。

14) ただし，与えられた（生成規則のわからない）データがカオスであると結論付けるのは，一般には難しいので注意が必要です。

15) 対象が多次元の時系列だったとしても，1つの変数の遅れ座標だけを調べれば，システム全体のアトラクタと呼ばれる時間変化の構造を再現できることが知られています。

をモデル無しで予測・説明するという非常に強力な方法も知られています（**シンプレックス・プロジェクション**：simplex projectionといいます）。

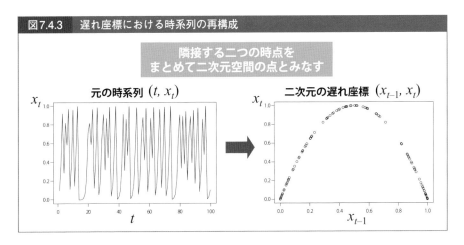

**図7.4.3　遅れ座標における時系列の再構成**

隣接する二つの時点を
まとめて二次元空間の点とみなす

元の時系列 $(t, x_t)$

二次元の遅れ座標 $(x_{t-1}, x_t)$

次に紹介するのは，時系列がカオス的であるかどうかを評価する指標である**リアプノフ指数**（Lyapunov exponent）です。この概念を説明するために，まず，値が近い2つの異なる状態を考えます。普通のシステムであれば，これらの2つの状態は似たような時間変化を辿ることが期待されます。一方で，時間が経つに従ってその差が拡大していく場合，そのシステムをカオス的であると判断します。

このような性質は**初期値鋭敏性**と呼ばれ，カオスの特徴の1つとして知られています。この離れていく度合を定量化するのが，リアプノフ指数です。

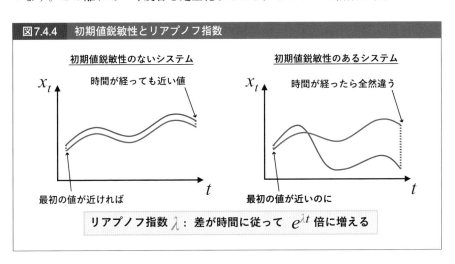

**図7.4.4　初期値鋭敏性とリアプノフ指数**

初期値鋭敏性のないシステム

$x_t$
時間が経っても近い値

最初の値が近ければ

初期値鋭敏性のあるシステム

$x_t$
時間が経ったら全然違う

最初の値が近いのに

リアプノフ指数 $\lambda$：差が時間に従って $e^{\lambda t}$ 倍に増える

## 2つ以上の時系列から因果関係を調べる

　最後に，時系列同士の因果関係を調べる方法について簡単に紹介します。時系列データの分析では，「ある変数が別の変数に影響を与えているかどうかを判断したい」という場面が良くあります。例えば，⑴ある銘柄の株価の変動が別の銘柄に直接影響を与えているか，という問題であったり，⑵2つの神経細胞の活動データから，その間にシナプスのつながりがあるかどうかを推定する，といった問題がそれにあたります。

　2つの変数$X$と$Y$の時系列があった時に，この間の因果関係を調べたいとします。これにはさまざまな方法が知られていますが，多くの手法が「もし$X$が$Y$に影響を与えているなら，$X$の情報を使うことで（$X$を使わないよりも）$Y$の予測精度を上げることができる」という考えに基づいています。例えば，状態の発生確率（情報量）の観点からこれを計算した量として，**移動エントロピー**（transfer entropy）があります。また，別のアプローチとして，7.2節で紹介したVARモデルなどを使用して予測の精度を評価する**Granger因果**（Granger causality），また，遅れ座標によるシンプレックス・プロジェクションを2つの時系列の間で行う**CCM**（convergent cross mapping）といった手法も知られています。

　一般に，データから因果関係を推定するのは非常に難しい問題で，データの性質に応じて適切な手法を適用しないと，簡単に間違った結論を導いてしまいます。「この手法さえ使っておけば間違いない」というものは存在しないので，その適用条件についてはよく注意する必要があります。

### 第7章のまとめ

● 時系列データには，トレンドや周期変動などの時間的な構造が含まれていて，通常の統計分析ではうまく分析できないものがある。

● 観測変数の間の関係性を直接モデル化したものとしてARモデル，ARMAモデル，ARIMAモデル，SARIMAモデルなどがある。

● 状態空間モデルでは，状態変数を用いることで，より自由度の高いモデリングが可能となる。

● 時系列データの分析法には，着目する性質に応じて，他にも周波数解析，非線形解析，因果性解析などさまざまなものがある。

# 第8章

# 機械学習モデル

応用志向型数理モデルの本丸が，この機械学習モデルです。機械学習モデルの基本的な思想は，目的を達成するための方法（アルゴリズム）を人間が教えるのではなく，データから機械に学ばせるという考え方です。この章ではいくつか例を紹介しながら，機械学習モデルとしての問題の捉え方や代表的な手法について解説していきます。

# 8.1 機械学習で扱われるモデル・問題の特徴

## 機械学習の基本的な考え方

　数理モデルの中でも，実応用におけるパフォーマンスを重視するのが機械学習です。現実世界のデータに存在する変数間の関係性をプログラムに学ばせることで，人間が行うような（或いは，人間でも難しいような）予測や判別といった判断，現実に即したデータの生成などを自動で行わせることを目指します。**複雑な現実問題を精度よく記述することが求められるため，それに対応して多くのパラメータを含む複雑なモデルが必要とされる場合も多いです。**

## 複雑な問題，複雑なモデル

　2.5節で紹介した，数字の画像からその数字が何かを判別するモデルを考えましょう。これも機械学習のモデルです。ここでは，入力変数は画像データです。画像データは1ピクセルごとの数値によって記述されているので，28 × 28ピクセルの画像データであれば784ピクセル分の情報が入力変数に与えられます。この時点で既に，モデルに784個もの変数が必要になります。

　784個の数字を好き勝手に指定する方法は当然，膨大にあります。この膨大なパターンの中で，我々がその画像を例えば5であると判断できるのは，全体から見れば本当にごく一部の場合だけでしょう。このごく一部に含まれたデータには何らかの法則性があり，その特徴を表現するには784個もの変数・情報はいらないはずです[1]。高次元データからこのように低次元（で多くの場合非線形）な特徴を捉えるためには，複雑なモデルが必要とされるのです。

---

1)　現実の高次元データが低次元の多様体（局所的に"平面（ユークリッド空間）"とみなせる空間）に埋め込まれているという仮説を，多様体仮説といいます。これに基づく多様体学習といった有力な手法が存在します。また，脳の中での視覚情報の表現がこれを示唆するといったデータも数多く報告されています。

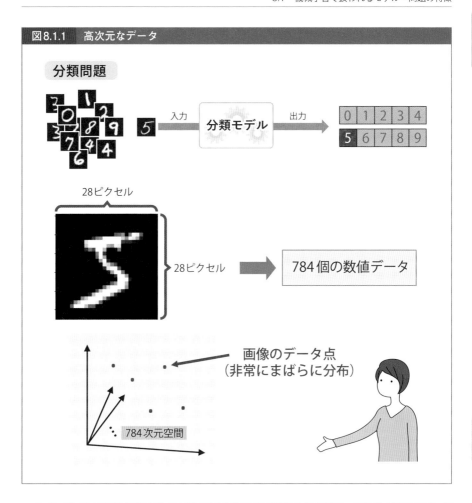

図8.1.1 高次元なデータ

## モデルの自由度とオーバーフィッティング

　高次元の複雑なモデルでは，パラメータの値をさまざまに変化させることで非常に多くの変数間の関係のパターンを表現することができます。それゆえ現実の問題の背後に潜む複雑な関係性をも表現することができるわけですが，その分，弱点もあります。それが**オーバーフィッティング**（overfitting; **過学習**）という問題です。これはモデルが，パラメータ推定（学習）したときに使ったデータ（**訓練データ**[2]；training data）にはよくあてはまるものの，新しく得られた別のデータ

---

2) トレーニングデータ，学習データともいいます。

（**テストデータ**；test data）に対してはあてはまらない，という状況を指します。これはモデルをデータのばらつき・誤差に合わせすぎてしまうことが原因で起こります（図8.1.2）。

　データが高次元になると，データを十分に用意することが現実的にできないことがほとんどです。このような場合[3]，入力変数の膨大な空間の中ではデータがまばらにしか存在しないことになるので，それを信用しすぎてモデルが推定されると使い物にならなくなってしまうのです。モデルが過学習せずに未知のデータにもよくあてはまることを，**汎化**（はんか；generalization）といいます。機械学習モデルの性能を評価する方法については，第14章で詳しく解説します。

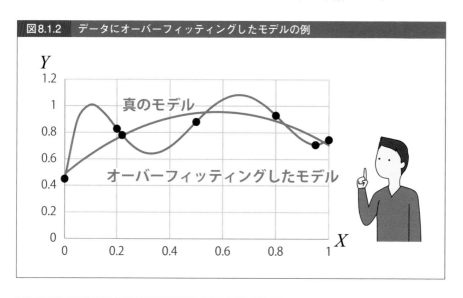

図8.1.2　データにオーバーフィッティングしたモデルの例

## 機械学習モデルを使った分析の実施

　本章で紹介する機械学習モデルの学習については，Python の scikit-learn などのライブラリで簡単に実施することがます。ただし，深層学習については例外で，TensorFlow や Keras などの整備されたフレームワークを利用することになります。こちらについては大きな計算資源を必要とするので，計算環境を含めた準備が必要となります。

---

3)　データが低次元の場合でも，パラメータの多いモデルを使う場合には注意が必要です。

## 8.2　分類・回帰問題

### 分類と回帰

　ここからは，実際の問題と手法について紹介していきます。最初に扱うのは**分類**（classification）・**回帰**（regression）**問題**です。分類問題については，2.5節及び前節で紹介しました。回帰問題はこれまでに何度か登場した「回帰」と同じものを指しますが，簡単に言うと「値を言い当てる」問題のことを指します。例えば，ある人の行動データから，その人の年収を予測するのが回帰問題です。

　ところで，同じように年収を予測するのでも，高所得者層・中間層・低所得者層と3つにカテゴリ分けして，そのラベルを予測する問題を考えたとしましょう。これは個人を3つのカテゴリに分類する問題ですが，本質的には回帰と同じ問題になっていますね。このように分類と回帰は非常に似た問題の構造を持っています。

　分類問題・回帰問題を解くための方法としてはさまざまな手法が知られていますが，代表的なものについていくつか簡単に紹介していきます。

### 決定木

　最初に，**決定木**（decision tree）というモデルについて紹介します。分類にも回帰にも使える手法ですが，まず分類の問題を例に解説していきます。あるメールが迷惑メールであるかどうか判断する問題を考えてみましょう。データとして，迷惑メールと通常のメール1万件ずつについて，下記の3点をまとめたデータを収集したとします[4]。

> ・メールの中に外部へのリンクが張られているか
> ・メール本文の長さ
> ・「アカウント」というキーワードが入っているか

　決定木は，条件分岐によって与えられたデータがどのクラス（ここでは迷惑メー

---

4)　仮想的な例です。

ルまたは通常メール）に分類されるかを決めるアルゴリズムです。図8.2.1のように，複数の条件を設定して順に分類していきます。学習データから，データを最も上手く分類できる条件の組を学習させます。

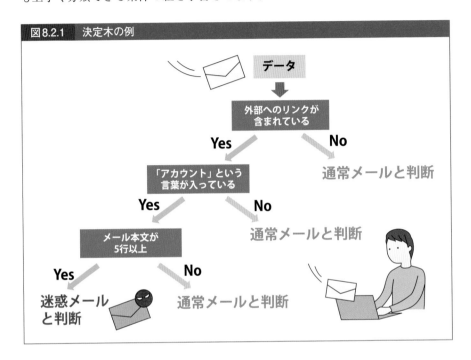

図8.2.1　決定木の例

## ランダムフォレスト

　決定木はわかりやすく，結果の解釈もしやすいという利点はあるのですが，一方で過学習しやすいという欠点もあります。その欠点を補ったのが，**ランダムフォレスト**（random forest）という手法です。フォレスト（森）という名の通り，決定木をたくさん生成して，それらの多数決で分類結果を予測するというものです[5]。複数の決定木を生成するためには，元のデータセットからランダムにサンプルを取り出し[6]，それについて決定木を作るという手続きを行います。このランダムフォレストは，使いやすく実用的な手法として知られています。

---

5)　このように複数のモデルを組み合わせることを，**アンサンブル学習**（ensemble learning）といいます。組み合わされるモデルのことを**弱学習器**，最終的に出来上がったモデルのことを**強学習器**といいます。一般に，このような方法によって機械学習のパフォーマンスが向上することが知られています。
6)　一般に元のデータからランダムにデータを取り出して新しいデータセットを作ることを，**ブートストラップ**（bootstrap）といいます。

　ここまで分類問題を例に，決定木やランダムフォレストの紹介をしてきましたが，これらの手法は回帰問題に適用することもできます。この場合，ある条件を満たすデータに対して1つのラベルではなく，予測した数値を返すという使い方になりますが，本質的なアルゴリズムは同じです。

## サポートベクターマシン

　次に紹介するのは，**サポートベクターマシン**（support vector machine; SVM）という手法です。ここでは，2つの変数の値から，そのデータがどのクラスに分類されるかを判定する問題を考えます。データをクラスごとにプロットすると，それぞれのデータ点は図8.2.2のように，ある程度まとまっているとしましょう。**その間に線を引いて，線の上ならクラス1，下ならクラス2というように分類するのがサポートベクターマシンの基本的な考え方です。**この手法では，線を引いたときにそれぞれのクラスのデータまでの距離（マージンといいます）を最大化するように境界線を決めます。この例では変数の数が2つの場合について紹介しましたが，一般に多変数の場合でも同じように境界を決めることができます[7]。

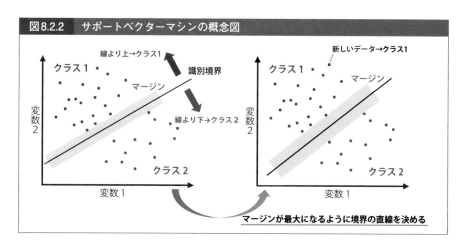

**図8.2.2　サポートベクターマシンの概念図**

図8.2.2のように，データが直線（平面・超平面）で分離できるとき，**線形分離可能である**といいます[8]。実際の問題では，境界が大きく曲がりくねっていること

---

7)　3変数の場合，境界は平面（4変数以上の場合は超平面）になります。
8)　境界の周りで2つのクラスのデータが少し重なってしまっているくらいであれば，マージンの計算を修正する（ソフトマージンといいます）ことで，そのままこの手法を適用可能です。

がよくあります。そのような場合でも，データに（非線形な）変換を施すことで，線形分離可能な問題に帰着させて適用することができます[9]。サポートベクターマシンは一般に汎化性能が良く，強力な手法として知られています。ここでは分類問題について解説しましたが，同じマージンの考え方を使用して回帰の問題に適用することもできます（**サポートベクター回帰**）。

## ニューラルネットワーク

　非線形で複雑な形のモデルを実現する方法の1つが，**ニューラルネットワーク**（neural network）です。ニューラルネットワークは脳の仕組みをイメージして開発されたモデルで，単純な計算を行う要素（ノード）をネットワーク状に組み合わせることで予測値を出力します（図8.2.3）。個々のノード（**パーセプトロン**といいます）では，矢印でつながっているノードから値を受け取り，それに適切な係数を掛け算してからすべて足し上げます。そして，この値をさらに**活性化関数**（activation function）という関数に代入します。この関数は，受け取った全体の入力をどれくらい次に伝えるか，ということを表現する（非線形の）関数です。目的に応じて，シグモイド関数やさまざまな関数が利用されます。そうして計算された値を，さらに矢印でつながった次のノードに渡します。

　このように順々に矢印に沿って計算を行って，出てきた最後の値を予測値とします。学習の際は，この予測値と実際の値との誤差が小さくなるように係数の値を調整します。

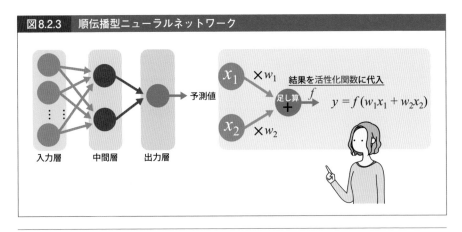

図8.2.3　順伝播型ニューラルネットワーク

$$y = f(w_1 x_1 + w_2 x_2)$$

入力層　中間層　出力層

---

9)　もちろん，観測している変数ではどうやっても分離できないこともあり得ます。

　図8.2.3はニューラルネットワークのうちでも基本的なもので，**順伝播型ニューラルネットワーク**（feedforward neural network）と呼ばれます。ここでは，データを入力するノードたちの層を**入力層**，予測値が出力される層を**出力層**，間に挟まれた層を**中間層**といいます。

　この例では中間層は1層ですが，それを増やしたものを**深層学習モデル**（deep learning model）といいます。中間層は1層でもモデルの表現力は非常に高く，複雑な関数[10]であっても中間層のノードの数を増やせば十分な精度で近似できることが知られています[11]。実際に，この順伝播型ニューラルネットワークは回帰問題・分類問題への応用でも良好なパフォーマンスを示します。

---

10) 病的なものを持ってこない限り。これを普遍性定理といいます。

11) 個々の活性化関数は単純な非線形関数ですが，それらを組み合わせて**何度も**適用すると極めて高い表現力を獲得するという事実は，非線形性の深淵さを感じさせます。なお，活性化関数を線形にすると，ただの重回帰になります。

# 8.3 クラスタリング

## クラスタリングでデータを解釈

データ点の値の散らばり具合だけを見て，近いデータたちを同じカテゴリにまとめるという手続きがクラスタリングです（図8.3.1：2.5節でも紹介しました）。分類問題と異なるのは，**どのデータがどのカテゴリに属するのかわからない状態で行う，教師なし学習である**という点です。例えば，ある商品を購入した顧客の年齢，性別，住んでいる場所などのデータがいくつかのクラスターに分かれる場合，「このまとまりはこういう層の人たちだろう」といった解釈が可能になるわけです。特に，データの性質が何もわからないときに，こうした手法によって状況を調べることが有効な場合があります。

ただし，このような分け方には原理上「正解」がないということにも注意が必要です。データのまとまりがくっきりと分かれてくれればいいのですが，現実のデータではそうならないことが多いですし，データが高次元になるとそもそもまとまりが見えないといったことも起こります。

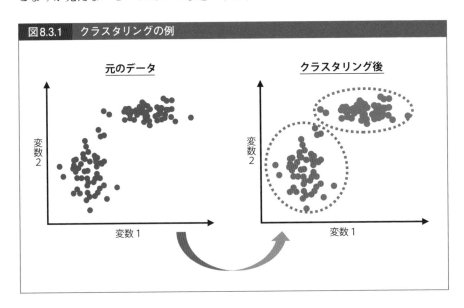

図8.3.1 クラスタリングの例

このようなとき，どのようなクラスタリングのアルゴリズムを使うのか，クラスターの数をいくつと仮定するのかなどによって結果が変化します。したがって，得られた結果については常に任意性[12]があることを忘れないようにすることが重要です。

## k-means法

代表的なクラスタリング手法の1つが，**k-means法**（k平均法）です。データ点と各クラスターの中心からの距離を比較して，一番近いクラスターに所属させることを目指すアルゴリズムです。

具体的には，下記のような手続きによってデータを各クラスに割り当てます。

---

(1)クラスター数$k$を決める
(2)各データ点を適当にランダムに各クラスターに割り当てる
(3)それぞれのクラスターの中心点を求める
(4)各データ点について，一番近い中心点を探し，そのクラスターに割り当てる
(5)割り当てが変化しなくなるまで，(3)と(4)を繰り返す

---

この考え方はクラスタリングの文脈でよく登場するので，知っておくと役に立つかもしれません。

## 混合分布モデル

k-means法では，データの生成規則に関して特に数理モデルを仮定しませんでした。一方で，「各クラスターのデータを生成する確率分布をそれぞれ仮定して，そのどれかからデータが生成されている」と考える方法もよく使用されます（図8.3.2）。これを**混合分布モデル**（mixture model）といい，特にガウス分布の組み合わせでデータの確率分布を表現するモデルを**混合ガウスモデル**（Gaussian mixture model）といいます。混合されている確率分布を推定すれば，そのそれぞれが各クラスターに対応します。このモデルでは，各データ点がどのクラスターに含まれるかを確率的に記述します。一番確率が高いクラスターに所属すると決めるこ

---

12) 論理的にどの答えを採用してもいいことを，「解に任意性がある」といいます。

ともできますし，確率のまま解釈したほうが都合のいい場合はそうすることもできます。

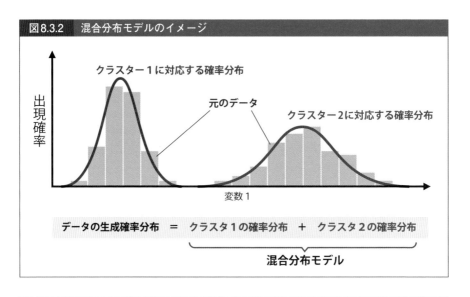

図8.3.2　混合分布モデルのイメージ

## 階層的クラスタリング手法

　ここまでは，単にデータをいくつかのクラスターにまとめる方法について紹介してきました。一方，特に高次元のデータになると，クラスターの間の関係性にも関心があることがよくあります。例えば，あるクラスターと別のあるクラスターはどれ位似ているのか・似ていないのか，はデータ全体の特徴を知る上で重要な情報となります。このようなクラスター間の類似度をもとに，クラスター「の」まとめ方についても示唆を与えるのが，**階層的クラスタリング**（hierarchical clustering）です。この類似度の計算の仕方にもいくつか方法があり，一般にそれによって結果が異なるので，結果の解釈には注意が必要です。

# 8.4 次元削減

## 次元削減とは

　一般に，変数の数が増えてデータの次元が高くなってくると，何が起きているのか人間の頭では解釈ができなくなります。また，どのような解析手法を使っても何らかの悪影響が出ます。実際のデータでは，**見た目が高次元であったとしても，少ない変数で本質的な情報を失わずに記述できることがあります**（図8.4.1）。極端な例では，$y = x$のグラフの上に乗っているデータであれば，$x$と$y$の2つの値を使う必要はなく，$x$の値だけわかればいいですよね。このような情報の抽出を行って，少ない変数のデータに置き換える作業を，**次元削減**（dimensionality reduction）といいます。例えば，もしデータが3次元以下に次元削減可能な場合，グラフにプロットすることができます。

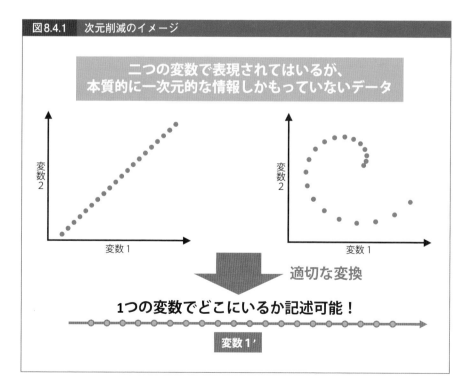

図8.4.1　次元削減のイメージ

二つの変数で表現されてはいるが、本質的に一次元的な情報しかもっていないデータ

変数2 / 変数1

変数2 / 変数1

適切な変換

1つの変数でどこにいるか記述可能！

変数1′

## 主成分分析

　一番有名な次元削減の手法が，**主成分分析**（PCA; principal component analysis）
です。これは，簡単に言えばデータのばらついている方向の直線をとってくる手
法です（図8.4.2）。図8.4.2に示す通り，ばらついている方向はデータの特徴的な
動きを反映していることがあります。この図の例でいえば，一つ目の方向（**第1
主成分**といいます）で見たときにどこにいるかを知るだけで，大体のデータの位
置を特定することができます。座標軸をくるくる回して，一番見やすい方向から
データを眺めるというイメージです。

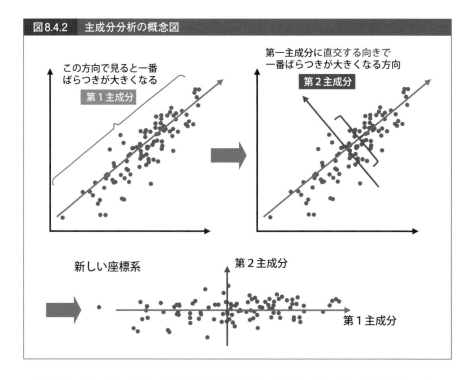

図8.4.2　主成分分析の概念図

　高次元のデータに対して適用する場合には，順番に上から主成分を取っていっ
て，データの全体のばらつきを大体説明できるくらいの数を残します。最終的に
残った主成分の数が，元の変数の数と変わらない場合は，主成分分析では次元削
減はうまくできなかったということを意味します。主成分分析では，直線的なデー
タの捉え方しかできないため，図8.4.1右上のような非線形な特徴を次元圧縮する
ことはできません。

## 独立成分分析

　直交する方向を順番に取っていくのが主成分分析ですが，必ずしも直交しない方向に分解するのが**独立成分分析**（ICA; independent component analysis）です（図8.4.3）。独立成分分析では，成分の個数をあらかじめ指定して，データをその数の独立した成分で表現します。主成分分析と異なり，この成分の間に序列関係はありません。事前にデータがいくつの成分に分けられるかについて仮説がある場合には，非常に使いやすい手法です。一方，そうでない場合は，成分数をどう決めるかについての任意性が残ります。

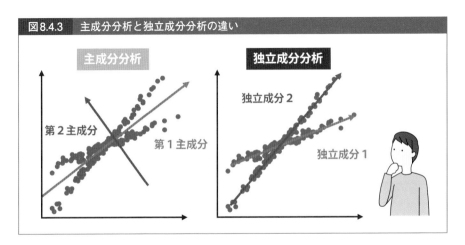

図8.4.3　主成分分析と独立成分分析の違い

## 非線形な次元削減法

　ここまでは変数の間の線形な関係を取り出す方法について紹介してきましたが，非線形なデータの関係を考慮して次元削減する方法も存在します。

　1つは，元のデータに非線形な変換を施して主成分分析を行うという方針で，これを**カーネルPCA**といいます。また，データの非線形な構造に沿って次元を圧縮する**多様体学習**（manifold learning）という方法も知られています。これは各データ点の近傍にあるデータから多様体という構造の情報を計算して，それを次元圧縮に用いる一連の手法群のことで，Isomap, LLE, t-SNE他，さまざまなアルゴリズムが開発されています。さらに，最近ではMapperと呼ばれる，**位相的データ解析**（topological data analysis）に基づいた，データの「かたち」に着目した次元削減法も注目を集めています。

## 8.5 深層学習

### 深層学習とは

8.2節で紹介したニューラルネットワークにおいて，中間層の数を増やしたものを**ディープニューラルネットワーク**（deep neural network）といい，それを使った機械学習のことを**深層学習**（deep learning）といいます。以前は，このようなモデルでは学習がうまく進まないという問題がありましたが，学習アルゴリズムにおける進展，大量学習データの取得の容易化，GPUやメモリなどの性能向上などにより，近年では極めて有力な手法として注目を集めています。

　深層学習は，複雑な対象には複雑なモデルで対抗するという方針の極めつけであるといってもいいでしょう。多くの場合，モデル自体の解釈は困難であるため，非常に応用志向型のアプローチです。本書では重要と思われるキーワードについて簡単に紹介するに留め，詳細については参考書に譲りたいと思います[13]。

### 畳み込みニューラルネットワーク

　**畳み込みニューラルネットワーク**（CNN; convolutional neural network）は，画像認識などの分野で極めて高い性能を誇るニューラルネットワークです。通常の

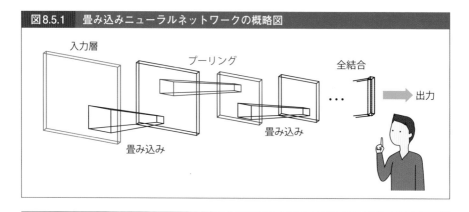

図8.5.1　畳み込みニューラルネットワークの概略図

入力層
プーリング
全結合
・・・
出力
畳み込み
畳み込み

---

13）例えば，わかりやすい（しっかりした）入門書として，山下隆義『イラストで学ぶディープラーニング』（講談社），本格的な入門書としてI. Goodfellow, Y. Bengio, A. Courville『深層学習』（KADOKAWA）を挙げておきます。

ニューラルネットワークでは，入力データが平行移動（例えば，画像でいえば対象の位置だけが変化）したとき，それらは違う入力だと認識されます。CNNは，脳の視覚野の働きにヒントを得て考案された，**畳み込み層**と**プーリング層**という中間層を持ちます（図8.5.1）。これにより，ある対象のパターンの位置が変化しても，同じように処理することが可能になります。実際に，画像の物体検知や音声認識の分野で目覚ましい成果を上げています。

## リカレントニューラルネットワーク

**リカレントニューラルネットワーク**（RNN; recurrent neural network）は，時系列のモデリングによく使用されるニューラルネットワークです。通常の順伝播型ニューラルネットワークの入力に各時刻のデータを入力していくと，毎時刻に対して出力が得られますが，異なる時刻のデータ間の関係性がモデルに反映されていません。リカレントニューラルネットワークではこれを解決するため，順方向だけでなく，後ろに戻る経路をネットワークに加えます。過去の中間層の値を保持したり，過去の出力を中間層に戻したりするなどの，さまざまな方法が知られています。また，LSTM（long short-term memory）という入力データの記憶を行う素子をモデルに含める方法もよく使われます。

## オートエンコーダ

**オートエンコーダ**（autoencoder）とは，入力と出力が同じになるように学習させたニューラルネットワークです。一見すると無意味なモデルですが，興味深いことにさまざまな使い方ができます。

　重要な例として，情報の圧縮（次元圧縮）があります。入力層より少ない数のノードを持つ中間層を介して，元のデータに戻すニューラルネットワークを考えます（図8.5.2）。このニューラルネットワークの中の計算を順に追っていくと，入力の変数が一旦，中間層にある少ない数の変数で表現＝暗号化（encode）され，出力層でまた元に戻る＝復号化（decode）されたと見ることができます。つまり，中間層では必要な情報をできるだけ失わずに次元圧縮[14]が行われていることになります。

---

14）これは主成分分析と具体的な計算のレベルで極めて近い操作になっています。

これを応用してノイズを除去することもできます（**デノイジング・オートエン
コーダ**）。また，オートエンコーダを他の深層学習モデルに対して構成すること
で，パラメータの初期値を決める方法（**事前学習**といいます）も知られています。

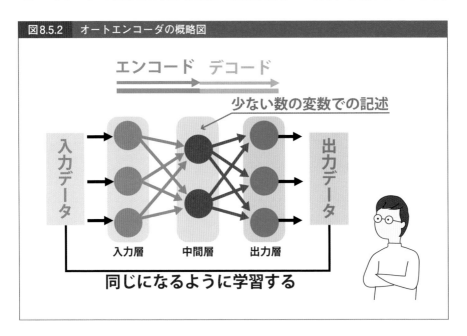

図8.5.2　　オートエンコーダの概略図

エンコード　デコード

少ない数の変数での記述

入力データ

入力層　中間層　出力層

出力データ

同じになるように学習する

## 敵対的生成ネットワーク

　画像などの生成モデル（2.5節）としてよく知られているのが，敵対的生成ネッ
トワーク（GAN; generative adversarial network）です。これは与えられた適当な入
力に対して，学習したデータと似たデータを生成して出力するというモデルです。
GANでは，**生成器**（generator）と**識別器**（discriminator）という2つのモデルを**同
時に**学習させます（図8.5.3）。

　生成器は，データを生成するニューラルネットワークです。識別器は，生成器
によって生成されたデータと本物の学習データの違いを見抜くニューラルネット
ワークです。生成器は，自分が生成したデータが識別器に本物のデータだと間違っ
て判断されることを目指して学習します。一方で識別器は，それを見抜くことを
目指して学習します。

　このようにライバル関係にある2つのモデルを学習させることによって，最終
的には本物と見分けがつかないデータを生成することが可能になります。

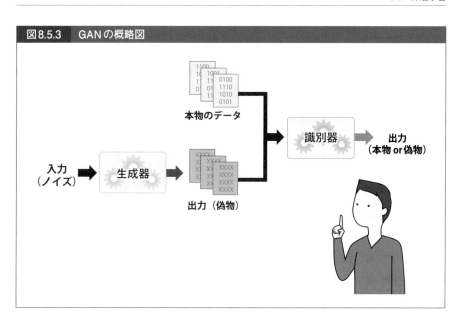

**図8.5.3　GANの概略図**

## 第8章のまとめ

- ●機械学習では，応用時の性能を重視し，パラメータを多く含む複雑なモデルを利用する。
- ●学習データにモデルを合わせすぎてしまい，その他のデータ（テストデータ）に対して性能が出なくなってしまうことを，過学習（オーバーフィッティング）という。
- ●機械学習モデルが解決する課題には，代表的なものとして，分類・回帰，クラスタリング，次元削減がある。
- ●深層学習は学習にかかるコストは大きいが，難しい問題を解決するためのパワフルな手法である。

# 第 9 章

# 強化学習モデル

強化学習とは，環境からのフィードバックに応じて最適な反応を探索するためのフレームワークです。強化学習のモデルは人間の学習の行動を直接記述するモデルとして使われるだけでなく，機械学習の文脈で学習方法の1つとしても使用されます。本章では，モデルの具体的な形や背後にある考え方を解説していきます。

# 9.1　行動モデルとしての強化学習

## 強化と学習

　行動心理学の用語で，**強化**（reinforcement）という概念があります。これは，人間や動物が何か行動を起こしたときに，その結果得られた報酬に従ってその行動を行う回数を増やすという特性のことを指します[1]。例えば，犬に餌を使ってしつけを行う状況を想像するとわかりやすいかと思います。

　この強化によって，トライアンドエラーを何度も繰り返しながら適切な行動を学習していく様子(時間変化)を数理モデルで表現したのが，**強化学習**（reinforcement learning）モデルです（図9.1.1）。モデル化される意思決定主体を**エージェント**（agent）と呼びます。

　エージェントは内部に数理モデルを持っていて，それに応じて行動を決定します。行動を決定すると，その行動がうまくいった場合には報酬が得られますが，逆にそうでない場合には報酬が得られなかったりマイナスの報酬を得ます。この「うまくいくかどうか」を決める場所のことを，**環境**（environment）と呼びます。エージェントは次の意思決定のために，この結果を受けて自らの意思決定モデルを修正します。そして，そこから行動を生成して結果を見ることを繰り返します。

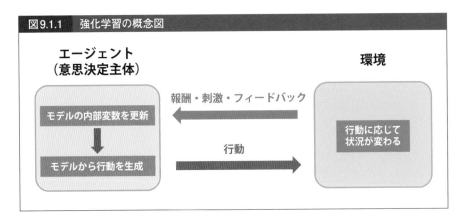

図9.1.1　強化学習の概念図

---

## ギャンブル課題

　まず，本格的な強化学習モデルに入る前に，簡単なモデルについて紹介しながら変数や数式の準備をしていきます。一枚一枚にランダムな金額（100円，200円，1000円など）が書かれたカードを引いていくゲームをすることを考えましょう。書かれた金額をもらうことができますが，1枚引くごとに500円の参加費を支払わなければなりません。何度か引いてみて，このゲームに参加するのが得か損か[2]を判断するエージェントについて考えます。時刻を定義して，時刻 $t = 1, 2, 3, \cdots$ に1枚ずつ引いていくことにしましょう。

　このエージェントが現時点で予想するカードの平均的な価値を $Q$〔円〕とします。この予想はカードを引くごとに更新されていくので，時間の関数として $Q_t$ としておきます。最初の時点では，とりあえず，参加費の500円と等しいと予想しておくことにしましょう（$Q_0 = 500$）。このエージェントは，引いた金額が予想より高ければ，予想を上方修正し，逆に予想より低ければ予想を下方修正します。時刻 $t$ に引いた金額を $r_t$ とします[3]。すると，予想との誤差は $(r_t - Q_t)$ と書けます。この量は，価値を高く見積もっていた場合はマイナスに，低く見積もっていた場合はプラスになります。この誤差に比例する量を次の時刻の予想値に反映しましょう。

$$Q_{t+1} = Q_t + \alpha(r_t - Q_t) \tag{9.1.1}$$

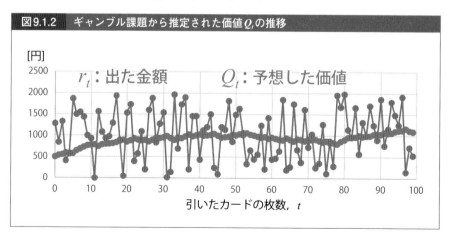

**図9.1.2　ギャンブル課題から推定された価値 $Q_t$ の推移**

---

2) 期待値の意味で。

3) $r$ は reward（報酬）の頭文字です。

ここで，$\alpha$はどれくらい一気に$Q$の値を変更するかを表す正のパラメータです[4]。

実際にこのモデルを用いて価値を推定した例を，図9.1.2に示します。この例では，カードに書かれた金額が0円から2000円までの一様分布に従って生成されるルールで，$\alpha = 0.05$として$t = 100$まで実験しました。真の期待値である1000円に近い値が予想されていることがわかります。

## 行動選択を含める

次に，選択肢が複数ある例を考えます。先ほどと同じようにカードを引いていくのですが，今回は2つのカードの山AとBがあって，そのどちらから引くかを毎回選べるというケースです。2つの山はどちらかの方が得になるように設定されています。このような課題を，**(2腕) バンディット課題**といいます[5]。

このような状況で，どちらを選ぶべきかを探索的に学習していくエージェント

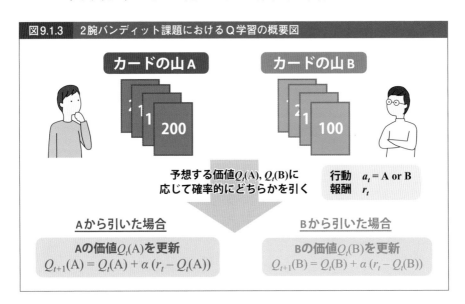

図9.1.3　2腕バンディット課題におけるQ学習の概要図

カードの山A　　カードの山B

200　　100

予想する価値$Q_t$(A), $Q_t$(B)に
応じて確率的にどちらかを引く

行動　$a_t$ = A or B
報酬　$r_t$

Aから引いた場合　　　　　　Bから引いた場合

Aの価値$Q_t$(A)を更新
$Q_{t+1}(A) = Q_t(A) + \alpha (r_t - Q_t(A))$

Bの価値$Q_t$(B)を更新
$Q_{t+1}(B) = Q_t(B) + \alpha (r_t - Q_t(B))$

---

[4]　第6章において$\alpha$は有意水準を表す文字でしたが，ここでは全く異なる意味で使用しています。この後に登場する$\beta$についても同様です。

[5]　一般に選択肢が複数あるこのような問題のことを，多腕バンディット問題といいます。「課題」は被験者に解かせる文脈を強調する用語です。ちなみに，バンディット（bandit）は直訳すると「山賊」ですが，スロットマシーンのことを英語でone-armed banditということに由来しています。

の振る舞いを考えてみましょう（図9.1.3）。ここではどちらの山を選ぶかを，変数$a_t$を使って表現します。例えば，時刻$t$でAの山が選ばれることを，$a_t = $ Aと書きます[6]。このエージェントが取るべき戦略の1つとして，それぞれの山の価値を予想して，予想が高い方からカードを引くというものが考えられます。この予想される価値をそれぞれ，$Q_t(A)$，$Q_t(B)$ とします。しかし，その時点での予想が必ずしも正しいとは限らないので，100％信用して次にどちらから引くかを決めてしまうのは危険です。そこで，次のような式を使って，価値が高い方を高確率で選択しつつ，価値が低い方も確率的に選ばれるようにします。

$$P(a_{t+1} = A) \propto \exp(\beta Q_t(A)) \tag{9.1.2}$$

$$P(a_{t+1} = B) \propto \exp(\beta Q_t(B)) \tag{9.1.3}$$

ここで，$\beta$はどれくらい現時点の$Q$の値を信用するかを決めるパラメータです[7]。$\propto$は比例を表す記号でした。この式は，「それぞれの山が選択される確率（左辺）は，予想される価値の指数関数に比例する割合で計算される[8]」ということを表します。このような式を，**ソフトマックス関数**（softmax function）といいます。この確率に従って，毎回AかBかのどちらかを選択します。

　次に，選択した山から実際に得られた値と，現在の$Q_t$を比較して価値を更新します。一度に得られる情報はAかBのどちらかについてだけなので，更新も片方のみについて行います。

　このように価値を更新していく学習の仕方を，**Q学習**（Q learning）といいます。実際にこのモデルを動かしてみた結果を，図9.1.4に示します。ここでは，Aの山は0から2000の一様分布，Bの山は0から1000の一様分布から数字がランダムに得られると設定しました。$\alpha = 0.05$，$\beta = 0.004$として，100ステップ計算しました。このモデルでは，最終的に期待値の高いAの方を，1に近い確率で選ぶことに成功しています。

---

[6]　$a$はaction（行動）の頭文字です。

[7]　このパラメータには**逆温度**（inverse temperature）という名前がついていて，この式の物理学的な背景を反映しています。

[8]　具体的にAが選ばれる確率は，$P(a_t = A) = \exp(\beta Q_t(A)) / [\exp(\beta Q_t(A)) + \exp(\beta Q_t(B))]$，Bが選ばれる確率は$P(a_t = B) = \exp(\beta Q_t(B)) / [\exp(\beta Q_t(B)) + \exp(\beta Q_t(A))]$ となります。このような選択肢の選び方を，**フェルミルール**（Fermi rule）ともいいます。

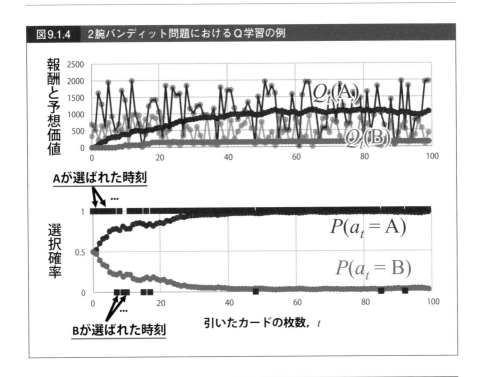

図9.1.4　2腕バンディット問題におけるQ学習の例

報酬と予想価値

$Q_t(A)$

$Q_t(B)$

Aが選ばれた時刻

選択確率

$P(a_t = A)$

$P(a_t = B)$

Bが選ばれた時刻

引いたカードの枚数, $t$

## モデルのバリエーションと発展

　ここまで紹介したQ学習では，行動の価値を更新していくことによって行動の確率を変化させました。一方で，各々の行動をとる確率を直接更新する方針もあります。例えば，ある基準（アスピレーションと呼びます）を設けておき，ある行動をしたときに得られた報酬がそれより大きいかどうかに応じて，その行動をとる確率を直接上げ下げするといった定式化も存在します。このような方針による学習ルールを，**アスピレーション学習**（aspiration learning）といいます。

　また，より複雑な状況として，環境が変化することをモデルに含めることもできます。例えば，先ほどのカードの例で，「あるカードを引くと次に引いた値が（－1）倍される」という追加ルールがあった場合，それを表す変数$s$を新しく用意して，通常時のAの価値，追加ルール発動時のAの価値，通常時のBの価値，追加ルール発動時Bの価値という4つについてモデル化を行えばいいのです[9]。

---

9)　ただし，状態が遷移する状況もモデルに含める必要があります。詳しくは次節を参照してください。

## 行動モデルとして使う

　これらのモデルは時系列モデルの一種として捉えることができます。したがって，実際の人間や動物の行動時系列データにフィッティングすることでパラメータを推定したり，予測を行うことができます。モデルのパラメータには（学習速度や期待値など）直接的な意味があるので，推定されたパラメータの値を使ってその行動の背後にある原理について推測することもよく行われています[10]。

　ここでは，学習がなされていくプロセスそのものに興味があって，それを強化学習モデルで表現していることに注意してください。一方で，次の節で紹介する機械学習の文脈における強化学習では，学習された最適な戦略に興味があります。しかし，背後には共通した考え方，モデル構造があります。

---

[10]　行動データに強化学習モデルを適用する方法や例を解説した参考書としては，例えば片平健太郎『行動データの計算論モデリング』（オーム社）があります。

# 9.2 機械学習としての強化学習

## 機械学習としての強化学習

　ある状況において，目的を達成するために一番良い行動・方策を，強化学習を使って探索させる方法が機械学習の文脈でよく利用されます。囲碁や将棋のプログラムがプロの棋士を凌ぐまでになったのは，この強化学習のおかげです。この文脈での強化学習では，状況に応じてそれぞれの行動の価値を正しく決めることが目標となります。

　それでは，前節で紹介したQ学習は使えるでしょうか？

　答えはYesなのですが，ある程度問題が複雑になってくると次のような問題が発生します。

> ・環境の状態のバリエーションが膨大になる
> ・個々の行動の良し悪しがすぐに評価できない
> ・ある行動を選択すると，次にどのような状態になるかわからない

　これらを解決するために，さまざまな工夫が行われます。本節ではそれらについて簡単に紹介していきましょう。

## 価値関数の性質を決める

　システムの状況を表す変数をひとまとめにして，$s$と表現します。ブロックくずしのゲームで例えれば，画面の状態（ブロック，自機，ボールの位置・速度など）に対応します。いま知りたいのは，その状態$s$における行動$a$の価値$Q(s, a)$です。これがすべての状態，行動についてわかれば，高得点を出すための操作を行うことができるわけです。

　ここで，ある行動$a$を選択したときにシステムが$s'$という状態になるとしましょう（図9.2.1）。このとき得られる報酬を，$r(s, a)$とします。最終的に得られる総得点を最大化したいとすると，この後に得られる報酬も考慮に入れて，次の行動

を選択するべきですよね。

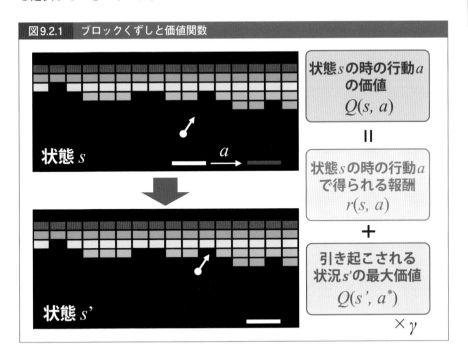

**図9.2.1　ブロックくずしと価値関数**

状態*s*の時の行動*a*
の価値
$Q(s, a)$

＝

状態*s*の時の行動*a*
で得られる報酬
$r(s, a)$

＋

引き起こされる
状況*s'*の最大価値
$Q(s', a^*)$

$\times \gamma$

このために，図9.2.1に示す関係式を仮定します[11]。$Q(s', a^*)$ というのは，次の状態において一番いい行動*a*\*を選択したときの価値です。$\gamma$は0から1までの値をとるパラメータです[12]。この関係式を満たす関数 $Q(s, a)$ を求めるということを考えましょう。

## 価値関数の更新

前節で見たように，実際に状態を変化させながら[13]$Q$の値を更新していきます。

$$Q(s,a) \leftarrow Q(s,a) + \alpha \left[ r(s,a) + \gamma Q(s',a^*) - Q(s,a) \right] \tag{9.2.1}$$

---

11) 本来は，ある行動に対して常に同じ状態に遷移するとは限らないので，式の中に期待値の計算が入りますが，ここでは簡単のためそのようなことは考えなくてよいとします。

12) **割引率**とも呼ばれます。実践的には長い時間をかける非効率的な戦略が選択されないようにするためのものですが，学習に時間の構造を入れる本質的な意味があります。

13) この行動の選び方にもいくつか方法があります。どれくらい状態を広く探索するかを調節するのも重要なファクターとなります。

左向き矢印「←」は，左辺を右辺の値に更新するという意味です。式（9.1.1）と見比べると対応がよくわかると思いますが，赤い部分は，$Q(s, a)$ のあるべき値と現在の値の差になっています。このような差の値を使って$Q$の値を更新していく方法を，**TD学習**（temporal-difference learning）といいます[14]。式（9.2.1）を使って値が落ち着くところまで更新を続けることで，$Q(s, a)$ の値を求めることができます。

## 深層学習を使ったQ学習

状態の数や可能な行動の数が膨大になると，実際にすべての場合について $Q(s, a)$ の値を更新していくのは現実的ではありません。そこで，第8章で紹介した深層ニューラルネットワークを使って，この関数を近似するという方法があります。これを**DQN** (deep Q network) と呼びます。この深層学習を使った手法はパワフルで，今までは考えられなかったようなさまざまなゲームや現実応用において，人間をはるかに超えるパフォーマンスをたたき出しています。これを可能にするためのさまざまなテクニックが存在するのですが，詳細についてはここでは割愛します。

なお，こういった手法には，一般的にかなりの計算資源が必要とされます。

## Q学習以外の方法

本節では，Q学習を基本として強化学習の考え方を解説してきました。このような方法を，**価値ベース**（value based）の強化学習といいます。一方で，どのような戦略で行動を選択していくかを学習する方法もあります。このような方法を，**方策ベース**（policy based）の強化学習といいます。

その他にもさまざまな話題がありますが，ここではいくつかの参考書を挙げるに留めたいと思います[15]。

---

14) 脳の中にも，このような学習に対応する神経細胞が存在することが報告されています（W. Schultz *et al.*, *Science* 275, 1593（1997））。

15) 強化学習のバイブル的な参考書としてはR.S. Sutton, A.G. Barto『強化学習』（森北出版），わかりやすい入門書としては例えば，曽我部東馬『強化学習アルゴリズム入門：「平均」からはじめる基礎と応用』（オーム社）があります。

### 第9章のまとめ

●強化学習は，未知の環境の状況に応じて意思決定をする主体（エージェント）が適切な行動を学習する様子をモデル化する。

●強化学習は，人間の学習行動をモデル化する時系列モデルとして利用される。

●強化学習は，機械学習の文脈で最適な行動を機械に学習させる方法としても利用される。

# 第10章

# 多体系モデル・エージェントベースモデル

人間社会や生物個体，脳など，複雑な振る舞いを見せるシステムでは多くの場合，「それらを構成する個々の要素の集まりであること」が本質的な役割を果たしています。このように個々の要素が沢山集まった時に，全体として見える振る舞いを分析するためのモデルが，多体系モデル・エージェントベースモデルです。本章では，さまざまなモデリング手法や，それによって再現される集団現象について紹介します。

# 10.1　ミクロからマクロへ

## 多体系モデル・エージェントベースモデルとは

　個々の物体・エージェントの振る舞いを記述するモデルがあった時に，それら
を沢山用意して互いに相互作用[1]させたものを，**多体系**（many-body system）**モデル**または**エージェントベースモデル**（agent-based model）と呼びます[2]。2.4節で紹介した自然渋滞の発生モデルや，セルラーゼのモデルがこれにあたります。各要素のミクロな現象と全体として発生するマクロな現象の間のギャップを埋めたり，ミクロな振る舞いは分かっている状況でマクロな現象がどうなるか予想したいときに，このようなモデリングが利用されます。

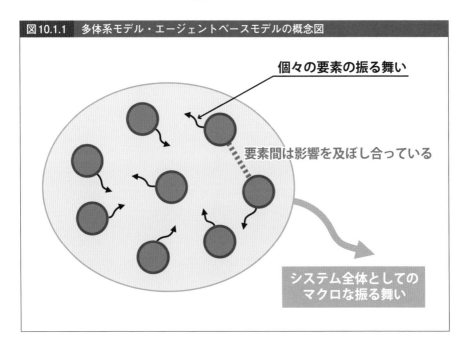

**図10.1.1　多体系モデル・エージェントベースモデルの概念図**

個々の要素の振る舞い

要素間は影響を及ぼし合っている

システム全体としての
マクロな振る舞い

---

1)　お互いに影響を与え合うことを，相互作用といいます。また，その影響が強い・弱いとき，「相互作用が強い・弱い」
　　という言葉遣いをします。
2)　分野によって呼び方が異なります。多体系は物理学由来，エージェントベースモデルは計算機科学由来の語です。
　　また，マルチエージェントモデルという言い方もあります。以後，単に多体系モデルと呼ぶことにします。

## モデルの構成要素

多体系モデルでは，要素の振る舞いを記述するのに常微分方程式モデルや確率過程モデルなどを利用します。多体系モデルであることの本質は，要素同士がどのように相互作用しているかを記述することです。その重要なポイントとして，「各要素がどの相手と相互作用するか」が挙げられます。

代表的な相互作用の仕方は次の3つです（図10.1.2）。

---

- それぞれの要素が全ての要素と，同じ強さで相互作用する
- 要素が二次元や三次元空間の「位置情報」を持っていて，近くの要素とだけ相互作用する
- 要素の間に特定のつながり（ネットワーク）が定められていて，つながっている相手とだけ相互作用する

---

1つ目の，全ての要素の間に同じ相互作用が存在する集団のことを，well-mixed populationといったりします。このような相互作用がある集団では，現象を数理的に解析することが比較的容易な場合が多いです[3]。

2つ目は，モデルに空間的な情報が含まれているとき（各要素が「どこにいるのか」が重要な場合），遠くの要素とは相互作用しないという仮定です。要素が動くと相互作用の相手も変化します。

3つ目は，どの要素とどの要素が相互作用するかが決まっている場合です。システムの中の要素とその間のつながり方の情報をまとめたものを，**ネットワーク**（network）といいます。つながりの一本一本のことを**リンク**（link），繋がれる個々の要素のことを**ノード**（node）といいます[4]。このネットワークの構造によって，システムのダイナミクスが大きく影響を受けます（10.3節）。

第10章

---

3) このような仮定の下では，システムのダイナミクスの自由度が高いので，自明な安定状態に簡単に到達してしまうことが多いです。一方，この後に紹介する空間構造やネットワーク構造は相互作用の仕方を限定するので，複雑な現象の源となる場合がよくあります。

4) 数学のグラフ理論では，ネットワークのことを**グラフ**（graph），リンクのことを**枝**または**辺**（edge），ノードのことを**頂点**（vertex）と呼び，それぞれ同じもののことを指します。

**図 10.1.2　相互作用の仕方**

**Well-mixed population**　　　**空間構造**　　　**ネットワーク構造**

全要素と相互作用　　　近い要素と相互作用　　　ネットワークで
繋がった要素と相互作用

## 時間・空間の離散化

　多体系モデルでは，多数の要素の数理モデルたちを同時に動かすことになるため，理論解析が難しくなるだけでなく，シミュレーションの意味でも計算のコストが莫大になることがあります。そのため，時間や空間を離散的に区切ることによって，単純化してモデル化することがよく行われます。これを**離散化**（discretization）といいます。離散化された時間を**時間ステップ**（time step），離散化された空間の1マスを**セル**（cell），または**サイト**（site）といいます。

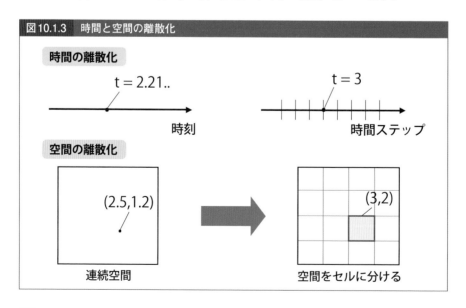

**図 10.1.3　時間と空間の離散化**

**時間の離散化**

$t = 2.21..$

時刻

$t = 3$

時間ステップ

**空間の離散化**

$(2.5, 1.2)$

連続空間

$(3, 2)$

空間をセルに分ける

例えば，将棋を戦争のモデルだと捉えるとわかりやすいかもしれません。将棋では，1手ずつ交互に駒を動かすことができます。ある対局試合の盤面の状況は，（棋譜において）時刻として何手目かを指定すれば特定できるので，これで時間を離散化したことになります。また，将棋では空間が9×9のマス目に区切られていて，縦と横のマス目の番号さえ指定すれば駒の位置を決めることができます。これが空間の離散化にあたります。時間と空間を離散化した決定論的なシステムのことを，**セルオートマトン**（cellular automaton）といいます[5]。

時間を離散化すると，それぞれの要素をどの順番で更新して動かすかを指定しなければならないという問題が生じます。将棋のように1ステップにつき1つの要素しか動けないという場合，ランダムに各要素を選んで更新する方法を**ランダム・アップデート**（random update），決まった順番に更新する方法を**逐次アップデート**（sequential update）といいます[6]。また，1ステップにすべての要素を同時に更新して動かす方法を，**パラレル・アップデート**（parallel update）といいます。

離散化は便利な単純化である一方，現象の本質を損なってしまう危険性もあるので，慎重に行う必要があります[7]。

## マクロな変数によってシステムの振る舞いを特徴づける

個々の要素を記述するモデルが決まったら，分析するマクロな変数を決める必要があります。例えば自然渋滞の例でいえば，渋滞しているかどうかを決める交通量であったり，感染症の伝播を記述するモデルであれば全体の感染率などがこれにあたります。そして，パラメータを変化させて，このマクロな変数の振る舞いを分析します。この値を見ることでシステムの状態が特徴づけられる場合，しばしばその変数を，**秩序変数**（order parameter）と呼びます。パラメータの変化によって秩序変数が急激に変化してシステムが異なる状態に変化するとき，それを**相転移**（phase transition）と呼びます。

---

5) 有名なセルオートマトンの例として，**ライフゲーム**（Conway's Game of Life）があります。

6) なお，将棋の場合は，どの駒を動かすかを対局者が恣意的に決めるので，このどちらでもありません。

7) 連続のシステムを計算機で数値シミュレーションする場合，何らかの意味で必ず離散化が行われます。（特に非線形現象の場合）実装時の離散化の仕方によって誤差が生まれたり，本質的に全く異なる振る舞いが生じることもあります。例えば流体力学の分野では，方程式をどう離散化して数値計算に落とし込むかが重要なテーマの1つです。

## モデルの分析の仕方

多体系モデルでは，大きく分けて2つの分析方法が用いられます。

1つ目は理論解析で，相互作用や個々の要素の振る舞いが完全に同じルールに従っている場合，本書でここまでに紹介した理論解析（や問題に応じて高度な解析）が可能なことがあります。物理の統計力学の分野ではまさにこのような分析が主に行われます。

もう1つは，シミュレーションによる分析です。実際にモデルを動かしてみて（数値実験して），その結果から理解を深めたり現象を予測したりします。モデル全体としては複雑でも，機械学習モデルのように解釈ができない隠れ変数は基本的に無いですし，シミュレーションの中で起こっていることはすべて測定可能なので，さまざまな角度から結果の解釈を検討することができます。

また，モデルに含まれるパラメータをあえて仮想的に変化させてみることで，システムの特性が分かる場合もあります。モデルの実装については，基本的に1から（C++やPython，MATLAB，Javaなどお好きなプログラミング言語で）コーディングすることになります。

それでは次に，具体的なモデルについて，いくつか例を見ていきましょう。

# 10.2 さまざまな集団現象モデル

## 群れのモデル

　一般的な鳥や魚は，複数の個体で群れを成して移動します。この群れはどのようにして作られ，維持されているのでしょうか？

　それぞれの個体の運動から，群れがどのようにして発生するのかを理解するために，さまざまな多体系モデルが提案されています。ここではその1つとして，Vicsek モデル[8]を紹介します。このモデルでは，個体（粒子）が二次元の平面状を移動していきます。すべての粒子は同じ速さで動いていて，周りの状況に合わせて方向だけ変化させていきます（図10.2.1）。

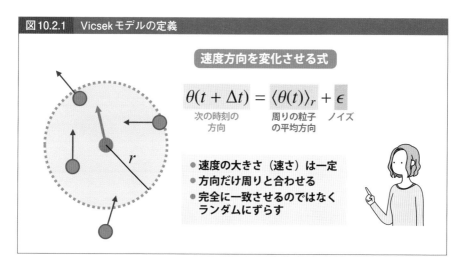

**図10.2.1　Vicsek モデルの定義**

速度方向を変化させる式

$$\theta(t + \Delta t) = \langle \theta(t) \rangle_r + \epsilon$$

次の時刻の方向　　周りの粒子の平均方向　　ノイズ

- 速度の大きさ（速さ）は一定
- 方向だけ周りと合わせる
- 完全に一致させるのではなくランダムにずらす

　具体的に，ある粒子に着目して説明していきましょう。

　まず，自分の周りの半径r以内にいる粒子の動いている向きを参照して，平均的な方向を割り出します。そして次の時間ステップで，自身の速度方向をその向きに変化させます。その際，完全に周りの平均と一致させるのではなく，ノイズによって確率的に少しずれた方向に変更します。

---

[8]　原著論文は T. Vicsek *et al.*, *Phys. Rev. Lett.* 75, 1226（1995）です。

各時間ステップでは，速度の向きに応じて位置を動かして更新します。この手続きをすべての粒子に対して，パラレルに実施していきます。

　このようにして粒子の動きを更新していくと，群れに非常に似た構造が発生します（図10.2.2）。この「向きを合わせる」という相互作用が，群れの根源的な発生に関係しているということが示唆されます[9]。

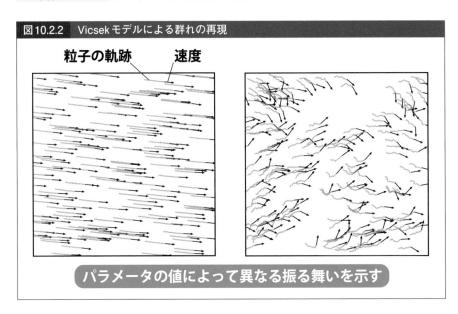

**図10.2.2　Vicsekモデルによる群れの再現**

粒子の軌跡　　速度

パラメータの値によって異なる振る舞いを示す

## 同期現象のモデル

　我々の心臓は心筋細胞という，一つ一つが拍動している小さな細胞たちの集まりで出来ています。これらの細胞たちが揃って同じタイミングで拍動することで，心臓としての大きな拍動を生み出します。このように，何かの周期的な動きのタイミングが揃うことを，**同期**（synchronization）現象といいます。多数の蛍が同じタイミングで光ったりするのも同期現象です。

　このような同期現象を理解するための代表的なモデルである，**蔵本モデル**（Kuramoto model）について紹介します。

---

9)　このほかにもさまざまな粒子の間の相互作用が，群れの形や性質と関連づいていることがわかっています。また，同じくこの文脈で有名な**BOIDモデル**では，方向の整列，分離（近づきすぎたら離れる），集合（群れ全体の中心に集まる）という3つの要素によって鳥の群れがよく再現されます。

蔵本モデルでは，ある要素の振動を**位相**（phase）という変数の動きで表現します。これは時計の秒針がくるくる回る様子を想像するとわかりやすいと思います。秒針がどこを指しているかが位相で，この針の動く速さを，図10.2.3のような常微分方程式で定めます。

簡単に言うと，それぞれの要素（**振動子**；oscillatorといいます）は自分の固有の速さで秒針を動かしているのですが，他の振動子と違う場所を指していた場合は，その差に応じて速度を調整する[10]というモデルです。このモデルでは，相互作用（タイミングをそろえる力の強さ）が大きくなると，固有の回転速度が異なっている振動子同士でも，だんだん位相の動きが揃っていき，最終的には全体として同期することが知られています。

このモデルについては，安定性解析を含む，ある程度の理論解析が可能です。

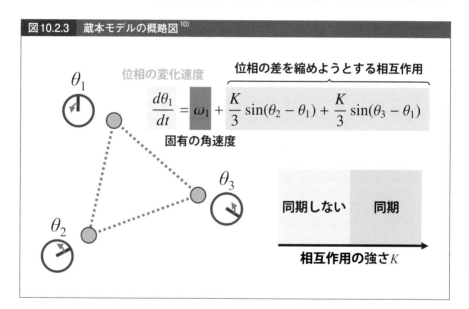

**図10.2.3　蔵本モデルの概略図[10]**

位相の変化速度

位相の差を縮めようとする相互作用

$$\frac{d\theta_1}{dt} = \omega_1 + \frac{K}{3}\sin(\theta_2 - \theta_1) + \frac{K}{3}\sin(\theta_3 - \theta_1)$$

固有の角速度

同期しない　　同期

相互作用の強さ$K$

## 人間行動・意思決定のモデル

社会において，全員が合理的な行動をとると最終的に全員が損してしまうという問題を，**社会的ジレンマ**（social dilemma）といいます。例えば，環境問題の文脈で，コストをかけて皆で環境保全を行っても，抜け駆けして自分だけは協力し

---

10) sinが使われていることにより，周回遅れになった場合に実質的な角度の差を抜き出す効果があります。

ないという行動が合理的になってしまう場合があります。当然、全員がそのように行動してしまうと結局環境が破壊され、全員が困るということになります。

このような状況における人々の行動については、ゲーム理論を含む社会科学の諸分野で研究されてきました。特に、社会的ジレンマが発生している状況でも、全体の協力が維持されているのはなぜか？というトピックについては、多体系数理モデルを使ってさまざまな研究がなされています。

この文脈で非常によく利用されるのが、**囚人のジレンマゲーム**（prisoner's dilemma game）です[11]（図10.2.4）。このゲームでは、じゃんけんと同じ要領で、プレイヤーは「協力」か「裏切り」のどちらかの行動を選択します。相手となるプレイヤーの行動に応じて、例えば以下のような得点を得ることができます。

2人とも協力した場合は、2人とも4点を得ることができます。しかし、片方が裏切った場合、裏切った方は5点、裏切られた方は0点になってしまいます。そして、裏切られたくないからといって2人とも裏切りを選んでしまうと、2人とも1点しか獲得できません。このようなゲームを、繰り返しプレイさせたときの様子を分析することで、人間社会における協力現象をモデル化することがよく行われます。

---

**図10.2.4　囚人のジレンマゲームによるモデル化**

各個人は次の時間ステップでどうするか？

**進化論的アプローチ**
周辺で一番高得点を得た方法を真似する
→ 強い戦略が生き残る

**強化学習アプローチ**
環境における協力・裏切りの価値をアップデート
・Q学習
・アスピレーション学習

**自分が協力しているとき**
相手も協力　→　2人とも4点
相手が裏切り→　自分は0点、相手は5点

**自分が裏切っているとき**
相手が協力　→　自分は5点、相手は0点
相手も裏切り→　2人とも1点

---

11) **公共財ゲーム**（public goods game）もよく使われます。このゲームでは、参加者達がある事業に投資するのですが、得られた利益の分け前は参加者で等分されます。皆で投資した方が全体の利益になりますが、自分だけ全く投資しなくても分け前を獲得できるので、フリーライドする動機が生まれます。

多体系モデルの文脈では，複数人のプレイヤーを想定し，誰と誰がゲームの相手となるかをあらかじめ決めておきます。ネットワークでつながった状況を考えてもいいですし，グループの中の全員と1回ずつプレイする状況を考えてもいいです。

毎時間ステップにプレイヤーが協力するか裏切るかを決めるモデルを考えます。毎回の意思決定は，直前までの状況によって影響されるでしょう。自分が協力していて相手も協力している場合は，協力関係を維持したいと考えるかもしれませんし，ここで裏切れば高得点を得ることができると考えるかもしれません。

この行動のアップデートを行う代表的な方法として，大きく2つのアプローチがあります。

1つ目が**進化論的アプローチ**です。このアプローチは，自分が対戦した相手が得た得点を参照して，一番得点が高いプレイヤーが取った行動を真似するというものです[12]。環境に適応した行動が生き残り，そうでない行動は淘汰されます。

もう1つが，強化学習的アプローチです。それぞれの行動の価値を，毎回のゲームに応じてアップデートしていくという方針です。第9章で紹介したQ学習や，アスピレーション学習などが使用されます。

こうしたモデルの1つを仮定して，各プレイヤーに実際にそれに従って行動を選択させます。その結果，ゲームが行われ各プレイヤーの得点が決定します。そして，得られた得点をもとに各プレイヤーの行動をアップデートして，次の行動を選択させます。こうしたモデルを使って，同じ実験を人間の被験者が行ったときに見られる行動を説明したり，協力行動が維持されるために必要な要素を明らかにする研究が行われています。また，同様のアプローチは囚人のジレンマ以外の状況にも応用されています。

---

12) 9.1節で登場したフェルミルールによって，確率的に行動を選択する方法が良く利用されます。

# 10.3 相互作用のネットワーク

## ネットワーク構造で問題を眺める

多体系モデルにおいて相互作用の仕方を決める方法の1つとして，ネットワークを指定する方法について説明しました。このネットワークそのものを調べることで，システムの特徴を説明できることがあります。そのような研究は，**複雑ネットワーク科学**（complex network science）という分野として確立しています[13]。

この節では，基本的なネットワーク解析の方法について紹介していきます。

## どれくらい他のノードとつながっているか

ネットワークについて，あるノードがいくつのノードとつながっているかを**次数**（degree）といい，しばしば$k$という文字で表します。この次数をすべてのノードについて計算すると，次数の出現分布$P(k)$を得ることができます。これを**次数分布**（degree distribution）といい，ネットワークの様子を特徴づける重要な要素となります。

世の中のネットワークでは，しばしばこの次数分布がべき分布になっていることがあります。べき分布とは，$P(k) \propto k^{-\gamma}$のようなべき乗則が成り立っていることを指します[14]。このようなネットワークを**スケールフリーネットワーク**（scale-free network）といい，空港のネットワークやウェブサイトのネットワークなど現実のさまざまなところに登場します。ネットワークがスケールフリーになっていると，その上でのダイナミクスの伝播が速まったり，リンクの多いノード（**ハブ**；hubといいます）の影響力が支配的になったりと，さまざまな特徴的な現象が発生します。

---

13) 入門書としては，増田直紀，今野紀雄『複雑ネットワークの科学』（産業図書）がオススメです。

14) このような分布は，（簡単にいえば）**とても大きい値がいくらでも出てくる**という性質を持ちます。例えば，人間の身長が170cmを平均にもつ正規分布に従うとすると，身長が平均の10倍＝1700cmの人はまず出てきません。しかし，べき分布に従う確率変数では，そのような大きな値が無視できない確率で生じます。年収の分布を想像するとわかりやすいかもしれません。典型的な大きさ（＝スケール）と呼べるものがないので，「スケールフリーである」といったりします。

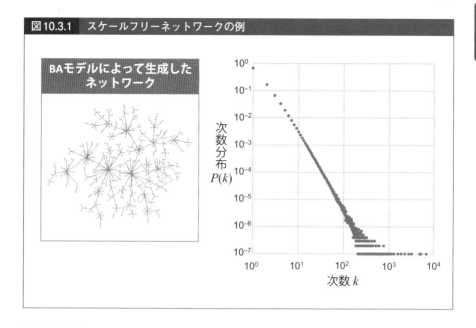

**図10.3.1**　スケールフリーネットワークの例

BAモデルによって生成した
ネットワーク

## 類は友を呼ぶ?

　「次数が$k$のノードとつながっているノードたちがどれくらいの次数を持っているのか」という指標が重要になる場合もあります。例えば，脳のネットワークでは，次数の高いノード同士が互いにつながった**リッチクラブ**（rich club）と呼ばれる構造があることが知られています。同じ次数のノード同士がどれくらいつながりやすいかを表す指標を，**アソータティビティ**（assortativity）といいます。

## ネットワークの上の移動のしやすさを特徴づける

　ネットワークのあるノードから他のノードに最短経路で移動する際に辿らなければいけないリンクの数を，**最短経路長**（minimum path length）といいます。空港がノード，1回のフライトがリンクに対応する空港のネットワークを考えると，ある空港から別のある空港に行くために最低でも何回飛行機に乗らなければならないかを表すのが，この最短経路長です。この最短経路長をすべてのノードのペアに対して計算し，平均したものを**平均経路長**（average path length）といい，ネットワーク上での移動のしやすさを表す指標として利用されます。

現実のネットワークでは，この平均経路長が想像に反して短いことがよくあります。世界には空港が4000近くもありますが，平均経路長はわずか3程度です。また，世界中のどんな人でも，知人の知人を辿っていけば6人程度でつながることができることを表す「六次の隔たり」というキーワードを目にしたことがある読者の方もいらっしゃるかもしれません。このようなネットワークのことを，**スモールワールド・ネットワーク**（small-world network）といいます。ネットワークがどれだけスモールワールド的かを表す量（small-worldness）は，ネットワーク構造を特徴づける指標の一つとしてよく利用されます。

## 「中心性」で重要なノードを特徴づける

すべてのノードのペアに対して最短経路を求めたときに，それらの経路が着目しているノードの上を通過した割合のことを，**媒介中心性**（betweenness centrality）といい，ネットワーク上の情報の伝播や輸送現象の要所を特徴づけるのによく使われます。

他にも，単に次数の大きさだけを見る**次数中心性**（degree centrality），他のノードとの距離を見る**近接中心性**（closeness centrality）など，さまざまな中心性の概念が知られており，問題に応じて使い分けます。

## 「友達の友達」は友達か

人間の友人関係のネットワークでは，自分の友人同士が友人関係にあることがよくあります。この状況をノードとリンクで表すと，人間関係の三角形ができていることになります（図10.3.2）。この三角形がネットワークの中にどれくらいあるかを計算したものを，**クラスター係数**（clustering coefficient）といいます。クラスター係数が高いほど，ノードがグループとしてまとまっているといえます。

また，クラスター係数が高い（リンクが密に存在する）グループ同士が，少ない数のリンクでつながっている構造を**コミュニティ構造**（community structure）といいます。このようなネットワーク上では，コミュニティの中と外でダイナミクスの伝播の仕方が異なるなどの特徴があります。

## 図10.3.2 クラスターとコミュニティ構造

**三角形の割合で
クラスター係数を計算する**

ネットワークの中の三角形

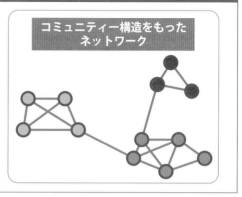

**コミュニティー構造をもった
ネットワーク**

## ランダムなネットワークを作る

ネットワーク自体を生成する方法についても，いくつか紹介したいと思います。

1つ目はランダムネットワーク（random network）と呼ばれるもので，その名の通り，ノードの間にランダムにリンクを張ります。ノードが$n$個あったとすると，異なるノードのペアの数は$n(n-1)/2$になります。この一つ一つに対して，確率$p$でその間にリンクを張っていきます。スケールフリー性やコミュニティ構造などを持たないので，ベースラインの比較対象[15]としてもよく利用されます。

このネットワーク生成モデルのことを，**Erdős–Rényiモデル**ともいいます。

## スケールフリーネットワークの基本モデル

スケールフリー性を持ったネットワークを生成するモデルとして代表的なモデルが，**Barabási-Albertモデル**（BAモデル）です（図10.3.3）。このモデルでは，1つずつノードを付け加えてネットワークを作っていきます。新しいノードを付け加えるときに，決まった数のリンクを既に存在するノードとの間につなぎます。このとき，つなぐ相手のノードを，各ノードの現時点での次数に比例した確率で選択します。つまり，リンクを沢山持っているノードが新たにリンクを得やすいというルールになっています。これは**優先的選択**（preferential attachment）と呼ばれ，スケールフリー性の本質的な側面を表しています。

第10章

---

15) このようなモデルのことを，**ヌルモデル**といいます（14.4節）。

このようなルールでノードとリンクを増やしていくと，次数の高いノードはどんどん新しいリンクを張られて成長していきます。この手続きにより，最終的に次数分布が $P(k) \propto k^{-3}$ となるネットワークが出来上がります。

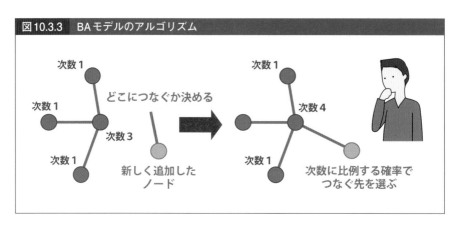

図10.3.3　BAモデルのアルゴリズム

## コンフィギュレーションモデル

適当に指定した次数分布を持ったランダムなネットワークが欲しい時に使用するのが，**コンフィギュレーションモデル**（configuration model）です。このモデルでは，まず次数分布をもとに，先にノードにリンクを割り当てます。そのうえで，どのノード同士をつなぐかをランダムに決めていきます（図10.3.4）。

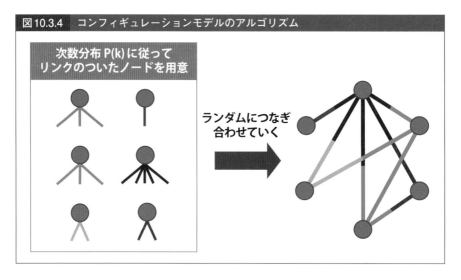

図10.3.4　コンフィギュレーションモデルのアルゴリズム

## 第10章のまとめ

● 個々の要素の振る舞いから，それらが相互作用して全体としてどのような振る舞いを示すかを調べるモデルを，多体系モデル・エージェントベースモデルという。

● 個々の要素のモデルには，微分方程式モデルや確率モデル，強化学習モデルなど問題に応じて適切なものを用いることができる。

● 相互作用の仕方を決めるネットワークの構造を調べることで，全体のダイナミクスについての示唆を得ることができる場合がある。

## 第三部のまとめ

　第三部では，問題や目的に応じて使用される，さまざまなモデルについて解説してきました。紙面の関係上，それぞれのトピックについて基礎的な内容に留めましたが，大まかな考え方や，どの分野にどういうモデルが存在するのかというイメージをお伝えすることが出来たのではないかと思います。

　ここまでの内容では，例えば「何かが時間変化する様子をモデル化する」という1つの課題に対して，さまざまなアプローチが可能であることを見てきました。そうした選択肢の中から実際にどうやってモデルを選べばよいのか，またそれをどのように活用すればよいのかについて，次の第四部で解説していきます。

# 第四部

## 数理モデルを作る

第四部では，実際に数理モデルを利用する際に必要な，目的に応じたモデルの利用法の違い，アプローチの選定，パラメータ推定，モデルの評価について解説します。加えて，データの取得時に注意すべきポイントやモデル構築のノウハウ，さらに数理モデルによって導かれた結論が何を意味するのかということにも焦点を当て，数理モデルがしっかり力を発揮するために理解しておきたい内容についても紹介します。

# 第11章

# モデルを決めるための要素

世の中にはさまざまな数理モデルが存在することを
解説してきましたが，今分析したい対象があるとし
て，実際にどの数理モデルを選べばいいのでしょう
か？この章では，データの性質や問題に応じて，ど
のような点に注意してモデルを選択すべきかについ
て紹介していきます。

# 11.1 数理モデルの性質

## 数理モデルの目的

　第2章でも解説しましたが，数理モデルで何がしたいかによって，取りうるアプローチは大きく異なります。基本的な方針としては，理解志向型モデリングと応用志向型モデリングの2つがあるのでした。理解志向型モデリングは，どのように対象となる現象が起きているのかを調べるための方針，応用志向型モデリングは必ずしもそれを重視せず，応用時のパフォーマンスを追求する方針です。

　次のような例を考えてみましょう。

　実験室でのマウスの行動を撮影した動画を使って，各時刻での行動（睡眠・食事など）を自動的に判定するモデルを作りたいとしましょう。このモデリングは，マウスの行動原理を理解するための研究の一部として行われているかもしれませんが，この数理モデルの機能としては，ただラベリングを正確に行うことが目的なので，応用志向型となります。ここでは「できた数理モデルが，どういう内部メカニズムでその行動と判定したか」は比較的どうでもよく，「正しくラベリングできているか」だけが重要だからです。このように，扱おうとしている数理モデルに何を期待するかを，まず明確にすることが重要です。

## モデリングは試行錯誤

　数理モデリングの手続きは，大まかに次の4つのステップから成ります。

(1)問題・目的を定義する

(2)どのモデルを使用するか決める

(3)パラメータを推定する

(4)モデルの有用さ（性能）を評価する

　ただし，これらの一通りの手続きを踏めばそれで完了，というケースはほとんどありません。実際にはデータや対象となる現象に応じて，適切なモデリング方

法が異なったり，細かいモデルの調整が必要になります。そのため，数理モデルを作ったらそれを吟味し，必要であれば修正を加えてまた吟味し，という繰り返しがどうしても必要になります（図11.1.1）。

この試行錯誤はどのステップ間でも行うことが重要で，場合によっては問題設定から見直すことが有効なこともあります。

また，方針を決めるための最初のステップとして，データを目で眺める作業は非常に重要です。データをさまざまな方法でプロットしていくと，「そもそも数理モデルを使わなくても解決できる問題だった」ということもよくあります。この場合は，もちろん数理モデルに頼らない簡単な分析を実施します。一見複雑に見えるデータでも，目的とする変数に関しては単純なルールベースのアルゴリズムで解決できることもあります（この変数がある条件を満たしているときは○○，等）。

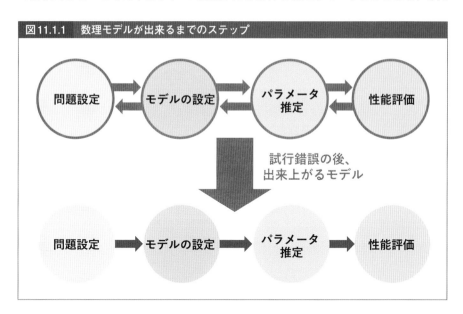

図11.1.1　数理モデルが出来るまでのステップ

## 決定論的モデル vs 確率モデル・統計モデル

数理モデルは「決定論的かどうか」で，大きく2つに分けることができます。決定論的な数理モデルとは，ここでは確率の概念が入っていないモデルのことを指します。代表的なものは第3章で紹介した方程式モデルや，第4章や第10章で紹介した常微分方程式によって記述されるモデルが挙げられます。

これらのモデルは，与えられた条件が同じであれば，何度動かしても同じ振る舞いをします。データ分析の文脈でいえば，通常データはさまざまな要因によってばらついているので，基本的には確率統計的な要素を含んだモデルを利用するべきです。一方で，データの定性的な振る舞いや平均的な振る舞いについて理解を深めたい場合，ノイズが無視できる場合にはこのようなアプローチも有用です。

個々にはばらついているデータでも，それらの平均値のばらつきは抑えられている場合があります。例えば，コインを10枚投げてその内で表になった割合を計算すると，試行ごとにある程度ばらつきますが，1億枚のコインを投げれば，表になる割合は極めて0.5に近くなります。このように，十分に確率的なノイズを無視できる振る舞いだけを分析すればいい状況では，決定論的な記述をすることができます。

確率的な要素を含むモデルは，良くも悪くも確率変数の部分に記述の「余白」が残るので，（分布ではなく）値そのものを説明しきれる理解志向型のモデルが求められているときには，一般に利用しづらくなります。

## 利用可能なモデルの検討

典型的な分析の場合，オリジナルなデータの解析でも既存の数理モデル・分析手法が有効なことが多いです。一方で，既存のモデルでは十分に目標が達成できないこともあります。その場合は，新しくモデルを作ります。この時，本当に既存のモデルでは目標が達成できないのかについてよく吟味し，具体的にそれらの何が問題であるのかの特定する必要があります[1]。

---

1) 学術研究においては，同じことができる数理モデルが他に存在するにもかかわらず新しいモデルを提案する場合，なぜそれをわざわざ導入する必要があるのかも含めて論理立てて説明する必要があります。このために既存のモデルについてしっかり調べることは当然として，複数のモデルをテストすることも多いです。

# 11.2 理解志向型モデリングのポイント

## 理解しやすいモデルとは

　理解志向型モデリングにおける最終的な目的は現象・データ生成ルールの理解ですから，理解しやすい数理モデルを作ることが重要になります。理解しやすいモデルとは，一般に次のような条件を満たします（すべてを同時に満たす必要は，必ずしもありません）。

---

・パラメータの数が少ない
・使用している関数が簡単
・モデルの各要素（数理構造・変数・パラメータ）が直観的に理解できる
・数理的に解析できる

---

　大前提として，数理モデルが対象となるデータをよく説明することができるとします（これについては第14章で詳しく説明します）。この時，パラメータの数が多かったり，使用している関数が複雑だと，その振る舞いが**たまたまデータに**

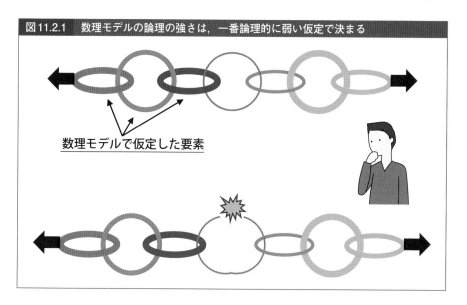

**図11.2.1　数理モデルの論理の強さは，一番論理的に弱い仮定で決まる**

数理モデルで仮定した要素

整合しただけなのか，本質的な何かを捉えているのかを判断することが難しくなります。また，モデルに含まれているすべての要素が言葉で説明できる（なぜ，それを含める必要があるのか，他人を納得させられる）ことも重要です。**数理モデルを使って得た説明の強さは，数理モデルにおける論理が一番弱い部分と同じ強さ（またはそれ以下）になります（図11.2.1）。**強い結論を主張したければ，モデルの各要素を含めた理由（なぜその変数・数理構造・パラメータなのか）について，論理的に説得力のある説明を用意する必要があります。

## 簡単なモデルなら何でもいいわけではない

　いくらモデルが理解しやすくても，データを説明できなければ意味がありません。このため，理解志向型モデリングでは，「データをどれくらいよく説明できるか」と「モデルの複雑さ」が常にトレードオフの関係になります。このため，モデリングにはすでに述べたような試行錯誤が必要となります。データへの当てはまりが同程度であれば，基本的に理解しやすいモデルを選択します。

## 理解したい深さとモデリング手法

　**現象のメカニズムには階層があり**，どのレベルでの理解が求められるかによっても使用するべきモデルは異なります。時系列データを例にとりましょう。トレンドや周期変動などの要因がどれだけあるかを知りたい，といった記述的な「理解」であれば，第7章で紹介した時系列モデルを適用して，得られたパラメータや推定される変数の変動などを観察すればいいでしょう。

　一方で，そのダイナミクスが生まれるメカニズムを知りたい場合，問題に応じて力学系のモデリングや，強化学習・エージェントベースモデリング的なアプローチが必要になるでしょう。

　**ここで重要なのは，理解したい・説明したいレベルで数理的な記述をモデルに含める**ということです。第4章で紹介した，個体数変動のロトカ・ヴォルテラモデルを思い出してください。このモデルでは，個体数の変化速度を解釈できる意味のある数式で記述しました。それにより，このモデルでよく説明される個体変動について，それがどのようなメカニズムで発生しているかを説明することができたわけです。

## 数理モデルと演繹

　数理モデルによって，変数たちの関係性やダイナミクスがよく説明できたとします。それによってまず推論できるのは，**その変数たちはそのように動いている（と考えると辻褄が合う）**ということです。さらに，そのモデルが正しいという仮定のもとで，そこから演繹的にさまざまなことを示したり，予測することができます。論理的に正しい演繹が行われれば（例えば，数学的に何らかの量を計算する等），**これらの演繹によって得られた結果の信頼性は，モデルの信頼性と一致します。**

## モデルで指定したメカニズムのレベルよりも根源的なことは説明できない

　一方で，**「なぜ仮定したダイナミクスが生じているのか」という，それよりも手前のメカニズムについては何もいえません。**それが知りたければ，さらにその階層でモデリングを行う必要があります（図11.2.2）。

　例えば，対象となるデータの統計分布を統計モデルで表現した場合，データがそのモデルに従っていると主張すること，その場合どのようなことが起こるかを計算することまではできますが，なぜその分布が出てきたのかについては何も結

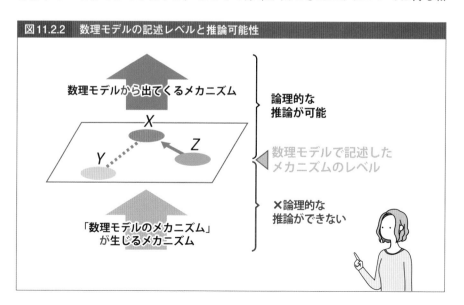

**図11.2.2　数理モデルの記述レベルと推論可能性**

数理モデルから出てくるメカニズム

論理的な
推論が可能

X

Z

Y

数理モデルで記述した
メカニズムのレベル

「数理モデルのメカニズム」
が生じるメカニズム

✕論理的な
推論ができない

論することができません。一方で，対象の振る舞いを直接モデリングした結果として，同じ統計分布が出てくることを説明することができれば，その仮定した振る舞いからその分布が出てくるメカニズムを理解することができます。

　同じことは，データについてもいえます。あるデータが得られたとして，そこから結論付けられるのはデータがどのようなルールで生成されているかであって，なぜそうなっているのかについて知りたければ，それよりも手前の情報となるデータが必要となります。例えば，人間の表層的な行動における法則（ある商品のパッケージのデザインを○○すると売れる，等）がわかっても，その人が何を考えているのか（あるいは無意識にそうなっているのか）については想像するしかないことを考えるとわかりやすいかもしれません[2]。

　このように，**「どのレベルでデータとモデルを合わせるか」は非常に重要な視点です。**

---

2)　こう書くと当然のように思えますが，実際のデータ分析の現場では，そういうことができないか考えてしまう場面は少なくありません。

# 11.3 応用志向型モデリングのポイント

## 問題を定義する

　応用志向型モデリングでは，そのモデルが目的をどれだけ達成できるかを重視しますが，まずそもそも何が「目的」なのかをしっかりと定義することが重要です。昨今「データがあれば何かできるんじゃないですか？」という声をよく聞きますが，実問題において具体的に何が評価指標かを決めるのが難しいことはよくあります（そもそも数理モデルで何ができるのかを知らないと問題を考えることができません）。問題の定式化としては，ひとまず達成したい目標・問題設定を数字で表せる形で表現することを目指すのがいいでしょう。例えば，「○○の分類問題で，入力データは××で出力データは△△のラベル，そのラベルの予測の正解率を評価指標にする」といった形に落とし込みます。この後紹介するように，一見もっともらしい評価指標も，実際にモデルを動かしてみると実用上求められているものと違った，ということはよく起こります（詳しくは14.2節）。

　また，運用上のコストが問題になる場合もあります。1回モデルを作って分析すればそれでおしまいなのか，継続的にデータを取得してモデルを更新する必要があるのかによっても状況は異なります。例えば，一般に深層学習を使ったモデルはコストが高く，頻繁にアップデートすることが必要な状況には向かないことが多いです。

## 性能を重視したモデル選び

　理解志向型モデリングとは異なり，応用志向型モデリングでは性能の良し悪しをもとに，最終的に使用するモデルを決定します。性能の良さを比較するための指標には，問題に応じてさまざまなものがあり（第14章で詳しく解説します），「モデル選択」という1つの重要なキーワードとなっています。

## データの性質

どのようなデータを利用することができるかも重要なファクターです[3]。数理モデルは，現実世界の現象を直接再現するのではなく，**飽くまで与えられたデータの生成ルールを再現します。**したがって，使用できるデータが偏っていたり，誤差や欠損値が多く含まれていたりすると，モデルの性能にそのまま反映されます。

また，そもそも指定されたデータから結論を導けない問題に対しては，数理モデルは何もできません。例えば東京23区内の気温のデータだけから，ある銘柄の株価を精度よく予測することはどうやってもできなさそうですよね。これは問題に対して手掛かりとなる情報がそもそも不足しているからです。この例では明らかですが，実際の場面では見えづらい場所で同様のことが起こっていることもあります。

使用できるデータの次元やサンプルサイズによっても，使えるモデルが変わります。一例として，図11.3.1に機械学習ライブラリのscikit-learnが提供しているモデル選択早わかりシート（を改変したもの）を紹介します。この例でもわかる通り，問題やデータの量に応じて適したモデルを選択する必要があります。

---

[3] そもそもデータを準備するコストが高すぎてモデリングに移れないということも，現実問題として発生します。一見データが手に入ったように見えても，フォーマットが乱れていたり，欠損値や異常値が含まれていたりといったさまざまな問題を取り除くために，膨大な前処理が必要となることはよくあります。

図11.3.1　機械学習モデルの選択の例 4)

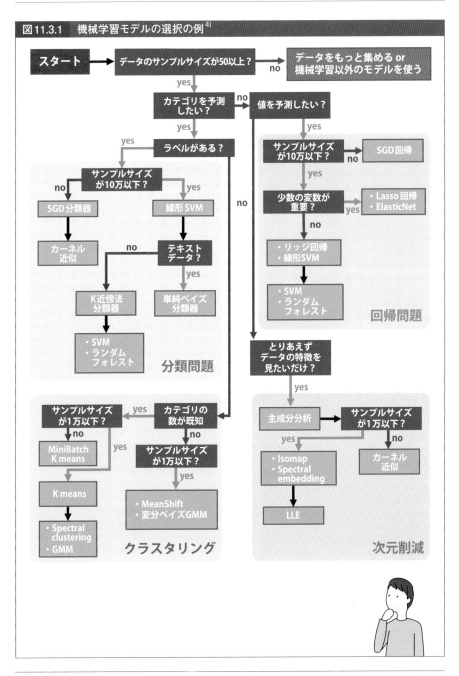

4)　scikit-learn の algorithm cheat-sheet（https://scikit-learn.org/stable/tutorial/machine_learning_map/index.html）を改変して作成。

## 第11章のまとめ

- 数理モデルを決めるために，まず目的と使用できるデータを吟味する。
- 対象となるデータの性質も，使用するモデルを決める重要な要素である。
- 理解志向型モデリングでは，達成したい理解のレベルに応じてモデルを決める。
- 応用志向型モデリングでは，真に達成すべき目標を正しく評価指標に落とし込むことが重要。

# 第12章

# モデルを設計する

数理モデルを使った問題設定ができたとしましょう。
具体的に数理モデルを設計する際にはさらに，どの
変数を含めるか，どのような要素を数理構造の中に
配置するか，どこにパラメータを用意するかを問題
に応じて決めなければなりません。ここでは，その
時にヒントになるようなポイントについて解説して
いきます。

# 12.1 変数の選択

## 含めるべき変数・そうでない変数

既に解説した通り，一般に，数理モデルの性能が変わらないならば，含まれる変数は少なければ少ないほど良いです。変数の数が多いと，モデルの解釈性が下がったり，パラメータ推定のコストやオーバーフィッティングの危険性が増大します。一般にこのような問題を，**次元の呪い**（the curse of dimensionality）といいます。一方で，モデルの性能向上のために必要な変数はしっかり含めなくてはいけないので，どの変数をモデルに投入するかが非常に重要なポイントとなります[1]（図12.1.1）。まずは，文脈や仮説に応じて，関係すると思われる変数に関するデータを集めます。

## 変数の解釈性

理解志向型モデリングの場合，現実に何に対応するか説明できない変数は，出来るだけ排除します。そのような変数が含まれていると，モデルを使って現象のメカニズムを説明する際に，そこで論理的な演繹ができなくなってしまうからです。

## 無関係な変数は外す

まず，（当然ですが）モデリングしようとしている対象のデータ生成規則に関係ない変数は，モデルに含めません。例えば，データのID番号はわかりやすい例です[2]。また，理解志向型モデリングでは，本質的に同じ情報を表していると思われる変数たちは代表的なものを残して外すか，適当な次元削減を行って数を減らした方がいい場合が多いです。例えば，心理学実験で被験者に課題を行わせたとき，スコアと所要時間に強い負の相関がある（つまり，成績の良い被験者は早く課題を終了させることができる）場合，スコアの値だけをモデルに含めるといった状

---

1) 問題によっては自明に決まる場合もありますが，ここでは一般論について説明します。
2) ID番号をモデルに含めると，一見モデルの精度が上がってしまうことがありますが，それはIDに実験条件の情報（番号の前半が条件A，後半が条件Bなど）が載ってしまっていることが原因です。このような状況を，リーケージといいます（14.4節）。

況がこれにあたります[3]。

　一方で，明らかに重要な（他と独立した）変数は，分析の結果として除いても影響がなかったとしても，一度はモデルに含めたほうがいいこともあります。それにより「この変数は関係がありそうなのでモデルに含めたが，結果として関係なかった」ということを結論として主張することができます。

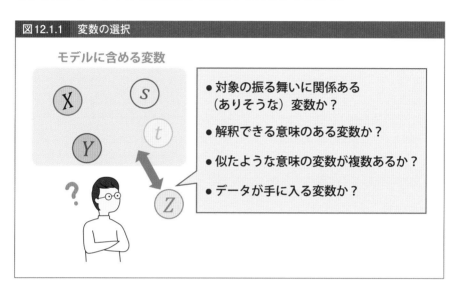

図12.1.1　変数の選択

モデルに含める変数

● 対象の振る舞いに関係ある（ありそうな）変数か？

● 解釈できる意味のある変数か？

● 似たような意味の変数が複数あるか？

● データが手に入る変数か？

## 特徴量エンジニアリング

　応用志向型モデリングでは，似た変数でも，その中の有用な情報を少しでも活用できるようにして出来るだけモデルに含めます。さらに，既にあるデータを組み合わせて新しい変数を作ることが有効なこともあります。このように，モデルの性能が良くなるように変数を作ることを**特徴量エンジニアリング**（feature engineering）といい，応用志向型モデリングにおいて重要な工程となります。なお，理解志向型モデリングにおいてこのような手続きを行うと，モデルの解釈性が下がったり，統計検定における$p$-hacking[4]につながったりするため，基本的には推奨されません。

---

3)　もちろん，文脈によっては所要時間の方が重要なこともあるでしょう。

4)　所望の範囲の$p$値が出るまでデータをこねくり回すことを，$p$-hackingといいます。もちろん，このようにして得られた$p$値に基づいた推論には妥当性がないので，誤った結論の元となります。

## 離散値変数・連続値変数

変数の値が離散値をとるか連続値をとるかでも，モデルの数理的な性質は大きく変わります。例えば，夏のある日の気温を表現するための変数を用意したい時に，「猛暑日・真夏日・夏日・それ以外」という離散変数で定義することもできますし，単にその日の最高気温という連続変数[5]で表すこともできます。

離散値の変数を使ったモデルには，一般的に次のような特徴があります。

---

・値の表現の幅が離散であることにより，表現に不正確性が生じる
・パターンの数が数えられるので状態の数が減り，扱いやすくなることがある
・変数に関する微積分が行えないため，理論的な解析・パラメータの推定が難しくなることがある

---

一方で，連続値の変数のモデルには次のような性質があります。

---

・離散化による誤差なしで値を表現できる
・モデルのとりうる状態の数が数えられなくなり，扱いにくくなることがある
・変数に関する微積分が行えるため，一般に理論的な解析・パラメータ推定がしやすい

---

もちろん，離散値・連続値の変数を混ぜて使用することも可能ですが，その場合は一般に上記のデメリットが合成される一方で，メリットは消えることが多いです。

---

5) 実際の気温の測定は有限の精度なので，厳密には測定結果は離散値となりますが，近似的に連続値とみなせるとします。

# 12.2 データの取得・実験計画

## 着目する変数の影響をコントロールしながらデータを取得する

　数理モデルの性能を大きく左右するのが，データの質です。特に，あるグループには条件Aを，別のグループには条件Bを適用して，それぞれからデータを取得するような状況では，変数のばらつきをうまくコントロールすることが重要です。

　例えば，「自社製品を購入したことのある顧客に対してはキャンペーンAを，新規の顧客にはキャンペーンBを実施してその効果を比較する」という状況を考えてみましょう。どのキャンペーンを行ったかという変数の他に，「既に1度以上，自社製品を購入したことがあるか」という重要な変数が2つのグループで異なっていますから，顧客の行動に違いが見られても，それがキャンペーンの差だけによるものであると結論付けることができません。また，キャンペーンを実施した日時など，別の要因[6]が何らかの影響を与えているかもしれません。

　このように，対象について様々な要因が考えられる状況で，どのようにデータ取得をデザインするかについて，**実験計画法**（design of experiments）という確立した方法論があります[7]。実験計画法では，あり得る条件の組み合わせのうち，どれを何回どのような順番，まとめ方で実施するかを検討します。そして，**分散分析**（**ANOVA**; analysis of variance）という統計的な手法を用いて，各要因が与える影響を評価します。

　本節では，その中でも最も基礎的な考え方だけ簡単に紹介します。これらの内容は，統計解析でない数理モデル分析を行う場合でも有用です。

## フィッシャーの三原則

　データを取得する際の重要な考え方として，**フィッシャーの三原則**というものがあります（図12.2.1）。これに従うことにより，着目している要因以外から生じ

---

6)　要因の一つ一つを，**因子**（factor）といいます。

7)　読みやすい入門書として大村平『実験計画と分散分析のはなし−効率よい計画とデータ解析のコツ』（日科技連出版社）を挙げておきます。

るデータの偏りをコントロールする[8]ことができます。1つずつ見ていきましょう。

## ⑴反復 (replication)

その名の通り，同じ条件で観測を複数回繰り返すことです。平均値としてより信頼できる値が求まるだけでなく，測定誤差の大きさを見積もることができるので，各要因がどのように影響を及ぼしているのかを統計的に解析するための重要な手掛かりになります。

## ⑵無作為化 (randomization)

観測を行う順番や場所，対象の割り当てなどをランダムに決めることです。こうすることで，非本質的な条件が結果に与える影響を減らします。例えば，今日観測したデータと明日観測したデータを比較すると，日時に関する何らかの要因が異なる影響を及ぼしているかもしれません。そこで，測定を実施する条件の順番をランダムにすることで，着目している要因以外の条件をできるだけ均一とみなせるようにします。このような処理は無作為化と呼ばれ，実験計画において非常に重要な概念となります。

## ⑶局所管理 (local control)

着目していない非本質的な要因の影響は，測定全体で均一になっていることが理想ですが，もしそうでない場合でも，一部分であれば均一とみなせることがあります。このような場合，いくつかの均一とみなせるブロックに分けて，データの観測を行います。

例えば，今日と明日の2日間でデータの観測を行う場合，この影響を後で正しく分析するために，「1日目には条件Aだけ，2日目には条件Bだけ」とするのではなく，「両日とも条件AとBを半々ずつ」として測定を実施します。こうすることで，同じ測定のセットを異なる2日間で行ったという状況になり，「いつ測定したか」という要因がどう影響を与えているのかを評価することが可能になります。

このようにして，無視できない要因の影響をコントロールすることを，局所管理といいます[9]。

---

8) 技術的には，無作為化は系統誤差を偶然誤差に，局所管理は系統誤差をブロック間の誤差に転化することで，系統誤差を除去する手続きになっています。
9) このような実験計画のスタンダードなものとしては，乱塊法（randomized block design）というものが知られています。また，ブロック化するときにコントロールすべき要因が2つあるときには，ラテン方格法（Latin square sampling）という方法を用いることもできます。

---

**図12.2.1　フィッシャーの三原則**

**(1). 反復**　　AAA…, BBB…

同じ条件で複数回測定を行う

**(2). 無作為化**　ABABBA…

条件をランダムに割り当てることで系統的な誤差を減らす

　　　　　　　　　　　　　　　　　　　　　　　　　　ブロック

**(3). 局所管理**　A×2, B×2　A×2, B×2　A×2, B×2　…

ブロックの中で着目していない要因の条件を均一にしつつ
ブロック間では着目している要因の条件を同一にする

---

## フィッシャーの三原則はデータの偏りに気を付けるためのヒント

　分散分析を行わない場合でも，取得したデータにおいて，結果に影響を与える
かもしれない要因がしっかりコントロールされているかどうかを検討することは
重要です。フィッシャーの三原則がよく満たされていればひとまず安心ですが，
そうでない場合でも，どれが満たされていないのか，それによってどういった偏
りが生じうるか，といったことをチェックすることでより精度の高い分析が可能
になります。

# 12.3 数理構造・パラメータの選択

## 目的に応じた数理構造の選択

　応用志向型モデリングの場合，基本的な分析であれば，例えば図11.3.1のチャートに従って機械学習モデルを選択することができます（深層学習が必要な場合は，この次第ではありませんが）。一方で，理解志向型モデリングの場合は，問題に応じてそもそもどの種類のモデルを使用するかを選択しなければなりません。

　本節では場合に応じて，どのように数理構造を選択するかについて解説します（図12.3.1）。

## 目的変数のばらつきが無視できない場合

　まず，対象となる目的変数の振る舞いにおいて，確率的なばらつきが本質的か，あるいは無視できるかを考えます。

　**ばらつきが本質的な場合，数理モデルは目的変数の確率的な振る舞いを再現す**ることを目指します。この場合でも，ばらつきの度合いが他の変数の影響に比べてそこまで大きくないときには，時系列モデリングなどによって値を確率的に一定の精度で予測することができます。

　一方で，説明変数で説明できないばらつきが大きい場合は，個々の値の予測を行うことは（実用に耐えるような精度では）できず，背後にある確率分布の形からメカニズムを推測することになります。確率分布には，説明変数による寄与を含めてモデリングを行うわけですが，この寄与の仕方・メカニズムが既にわかっている，あるいは詳しくは知る必要がない場合，本書で紹介した統計モデリングや時系列モデリングなどによって結論を導きます。

　一方で，なぜその分布が出てくるのかというメカニズムを記述して説明したい場合は，確率モデル（或いはそれに含まれる強化学習モデル）を利用します。

## ばらつきを考えなくていい場合

ばらつきが無視できる場合，目的変数を説明変数で表した関数を求めることを目指します。こちらも，その関数がどのように生じるかというメカニズムを知りたい場合には，決定論的な数理構造を用いて変数の振る舞いを記述します。これには，常微分方程式やセルオートマトンが含まれます。データが従う方程式の形が既にわかっている場合は，カーブフィッティングを行います。

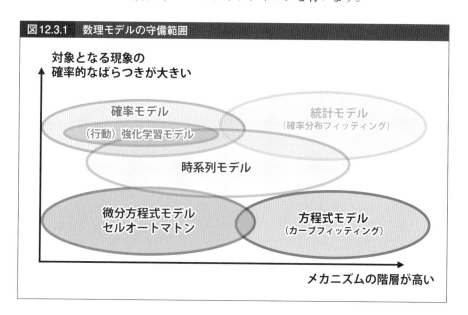

**図12.3.1　数理モデルの守備範囲**

対象となる現象の
確率的なばらつきが大きい

確率モデル

統計モデル
（確率分布フィッティング）

（行動）強化学習モデル

時系列モデル

微分方程式モデル
セルオートマトン

方程式モデル
（カーブフィッティング）

メカニズムの階層が高い

## パラメータの値の範囲

変数と数理構造を決めると，パラメータが必要な場所が自然と決定します。パラメータは一般に連続値の値に設定しますが，値に意味がある場合，その範囲には気を配る必要があります。例えば，モデルのパラメータを推定した結果，現実では正の量に対応するパラメータが負になってしまうことがしばしばあります。このような問題は大抵の場合，モデルがデータによくあてはまっていない（あるいは，そもそもモデルの定義がおかしい）ことによって起こります。推定されたパラメータの値も含めて，データとモデリングが整合的であるかどうかをチェックすることができるよう，パラメータが取るべき範囲を確認しておきます。

# 12.4 間違ったモデリングをしないために

## 既存の体系との整合性・比較

使用するモデルの種類を決めたら，具体的にモデルを記述します。

新しくモデルを作ったり，既存のモデルを拡張する場合，文脈に応じて従うべき既存の体系・法則と整合するようにします。例えば，保存する[10]べき量が保存されていないとか，実際に起こらない相互作用が含まれているなど，現実と乖離した振る舞いがモデルに含まれていると，現象を説明する論理が破綻してしまいます。

既存の体系で説明できないものをモデル化するときには，提案モデルで既存体系の何が破られているのかを明確化する必要があります。例えば，多体系モデル（10.2節）で紹介した，群れのモデルであるVicsekモデルでは，ニュートンの運動法則が明示的に破られていますが，それによって出てくる新しい物理現象を見出しています。

一般に，既に似たモデルの体系が存在するときに，完全に一から自分のオリジナルのモデルを作ってしまうと，提案モデルと既存モデルを比較するのが難しくなります。もちろん，提案モデルの方が良い性能を持っている場合や，そのモデル化を正当化する論理がしっかり立てられる場合については，それを説明すれば問題ありません。

## ハンマーしか持っていない人にはすべてが釘に見える

英語の諺で，「If all you have is a hammer, everything looks like a nail.」というものがあります。これは，**問題の解決手段としてハンマーしか持っていない人にとっては，すべての問題が釘を打つ問題に見えてしまう**というバイアスを端的に表した表現です。

**これは数理モデルを使った分析で，極めてよくありがちな状況**でもあります。

---

10) 時間的に変化しないことを，「保存する」といいます。

つまり，対象となる問題を見たときに，自分が使える（限られた）モデリング手法の問題として，無意識的に解釈してしまうということです。本来は問題に応じて，数多の可能なモデリング手法の中から（理想的には）最も性能が良いものを選択して使用するべきです。

**なお，本書を執筆した目的の1つは，こうした状況をできるだけ避けられるように，どこの分野にどのようなモデリング手法が存在するのかを大まかに示すことで，必要になった時に適切なモデルを検討することができるようにすることです[11]。**

## データは適切に前処理しておく

取得したデータにそのまま数理モデルを適用できれば良いのですが，ほとんどの場合，その前に適切に前処理を行うことが必要となります。数理モデルでは，変数の値を数値で表現しなければならないので，カテゴリ変数は数値に変換します。また，自然言語処理においては単語や文構造の抽出，複数単語の統合（正規化）などの「きれいなデータ」にするための（かなり大変な）作業が必要となります。分析対象から直接数値データを得られる問題だったとしても，正しくノイズを除去しなければ使い物にならないケースもよくあります（例：脳波データ）。前処理の仕方によって，結論やモデルの性能は大きく影響を受けます。

一般的な前処理の手続きとして，特に外れ値と欠損値の処理について紹介します。

### ⑴外れ値の処理

**外れ値**（outlier）とは，データにおける他の観測値から大きく離れた値のことを指します[12]。データ測定時のエラーによって，信頼できない値が得られた場合，適切に処理して分析を行う必要があります。ただし，論理的には，ただ値が離れているだけではそれが本当に無意味なデータかどうかは判断できません。これに関しては，どのケースにもあてはまる確実な処方箋はありませんが，状況に応じて，次のような方法により対処します。

---

11) 全く知らないものを調べることはできませんが，少しでも知っていれば調べたり，人に教えてもらうことができます。
12) 1つの変数だけ見て発見できる場合はいいのですが，多次元空間の中で外れ値になっているとそもそも発見するのも難しくなります。

> ・これ以上値が離れたら外れ値とみなす，という判断基準が利用可能であ
>   ればそれを使用して除く
> ・統計検定を用いて外れ値を特定し，除く
> ・外れ値があっても大きく影響されない分析手法を使う
> ・外れ値を入れて行った分析の結果と，除いて行った分析の結果の両方を
>   報告する

　一番気を付けなければいけないのは，外れ値によって誤った結論が導かれてし
まうケースです。例えば，2つの変数の間に相関があるかどうかを統計的に検定
する分析においては，外れ値の有無が結果に大きく影響します。

　応用志向型モデリングの場合は，さまざまな外れ値の除き方を試行錯誤してモ
デルの性能を向上させます。

## (2)欠損値の処理

　関連して，データにおいてそもそも値が抜けてしまっているものを，**欠損値**
（missing value）といいます。値が欠損している場合，そのまま分析を行う（可能
な場合），その点をデータから除く，適当な値で埋めるといった方法があります。
欠損値があっても分析が可能な場合はいいのですが，一般には除去するか別の値
で埋める必要があります。

　このとき，欠損値が完全にランダムに発生しているのか，その欠損が発生して
いることに意味があるのかが重要なポイントになります。その変数の値と欠損す
る位置に関係がある場合，データが偏っていることになります[13]。もし欠損が完全
にランダムに発生しているとみなせる場合は，そのデータ点を単に削除しても問
題ありません（データが減るという欠点はありますが）。欠損の場所と欠損値に強
い関係がある場合には，基本的にモデルの推定にバイアスがかかってしまいます[14]。

　こうした状況では，導かれる結論がそのバイアスに依存していないかチェック
することが必要です。

---

13) このように取得したデータがそもそも偏っていることを**サンプリングバイアス**（sampling bias）**がある**といいます。
　　現実問題として取得可能なデータが制限された中で，できるだけ正しい結論を求められることもあります（例：
　　自社の顧客データは取得できるが，自社製品を購入しなかった個人のデータは手に入れる手段がない場合）が，
　　原理的に取得できなかったデータに対しては何も言えないので，これは一般に非常に難しい問題です。
14) 統計モデリングにおいては，完全情報最尤法（FIML）や多重代入法といった高度な欠損値への対処法が利用可
　　能な場合もあります。

　欠損値を代表的な値で埋める場合は，平均値や中央値で補完する方法がよく使用されますが，これはデータの分布や推定の精度を歪ませるので，あまり推奨されません。しかし，応用志向型モデリングの場合には，これによりモデルの性能が上がることもあります。

## 第12章のまとめ

● 理解志向型モデリングでは，必要な変数を吟味して使用する。

● 応用志向型モデリングでは，少しでも使える情報は使う。

● 理解志向型モデリングの数理構造は，説明したいデータのばらつきが本質的か・無視できるか，また，説明したいメカニズムのレベルで選ぶ。

● モデルと現実・既存体系との整合性を確保しつつ，一番適切なアプローチ選択する。

● 外れ値や欠損値，その他のデータの質が，数理モデリングの質を決める。

# 第13章

# パラメータを推定する

数理モデルが出来たら，データによくあてはまるように パラメータの値を調整します。このパラメータ の決め方には，使用しているモデルや問題設定によっ てさまざまな方法があります。本章では，それぞれ の考え方，計算手法の性質について解説していきます。

# 13.1 目的に応じたパラメータ推定

## 動かせるパラメータと動かせないパラメータ

　ボトムアップ的に構築した数理モデルで，対象の振る舞いを定性的に再現・理解したい状況を考えましょう。このとき，パラメータの値に意味があって，現実にその値が測定可能な場合，事実上動かせない（または動かさない方が好都合な）ことがあります。例えば，2.4節で紹介した酵素のモデルでは，パラメータである個々の酵素分子の動く速さは実験的に測定されているので，これを違う値に取ってしまうと現実と乖離したモデルになってしまいます[1]。

　このようなモデルでは，既に大体の値がわかっていて自動的に決まるパラメータをまず固定します。（ボトムアップ的な）理解志向型モデリング[2]においては，すべてのパラメータの値がこのように自動的に決められるのが理想です。なぜなら，モデルの振る舞いをパラメータによって変化させる余地が大きければ大きい程，説明された現象が本質を捉えているのか，モデルの複雑さによって「たまたま」あてはめることができただけなのか見分けることが難しくなるからです。この文脈では定性的な振る舞いさえ再現すればいいので，細かくパラメータを調整する必要はなく，ざっくり決めてしまいます。

## パラメータの点推定

　本書ではここまで，モデルとデータを与えると，対象を一番よく表現する真のパラメータの値が一組決まるということを暗に前提にして話を進めてきました。このようにパラメータの値の組を1つに決めることを，**点推定**（point estimation）といいます。

　ここではひとまず，その方針に従ってパラメータを推定する方法について解説していきます。もう1つの代表的な方針である**ベイズ推定**（Bayesian inference）に

---

1) 既に紹介したように，あえて違う値に取ることで本質が見えることもあります。
2) 2.4節の分類では，(1)数理構造から説明する方法，(4)数理モデルのパラメータを変化させた場合をシミュレートする方法，がこれに対応します。

ついては，13.3節で解説します。

## 変数の振る舞いを定量的にデータと合わせたい場合

　出来るだけ精度よくモデルをデータに合わせたいときには，モデルから生成される値と実際のデータとの差を最小化します。この差を計算するための指標を**目的関数**（objective function）[3]といい，これを最小化することによってパラメータの値を推定します（図13.1.1）。既に登場した平均二乗誤差（3.1節）も，目的関数の1つです。モデルの形や問題設定に応じて，さまざまな目的関数が提案されていますが，代表的なものには，**平均二乗誤差**（mean squared error; MSE）と**対数尤度**（log likelihood）があります[4]。

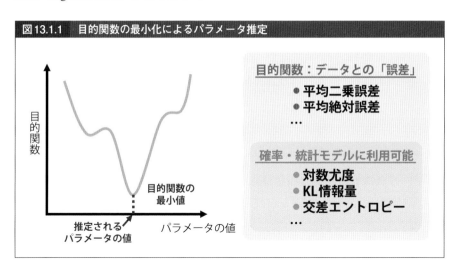

**図13.1.1　目的関数の最小化によるパラメータ推定**

## 単に誤差の大きさを平均する

　ここでは，説明変数の組を$x$，目的変数を$y$として，$x$が与えられたときに$y$を正しく予測する問題を考えます。データは$n$個の値の組として，$(x_1, y_1), ..., (x_n, y_n)$

---

3)　同様の意味で，**コスト関数**（cost function），**誤差関数**（error function），**損失関数**（loss function）も使われます。それぞれ，使用される分野やニュアンスが異なりますが，それらの区別については統一された見解はないようです。目的関数は，これらを含む大きな概念です。パラメータ推定が一種の最適化問題であることは，3.3節でも説明しました。

4)　ここでは詳しく紹介しませんが，確率分布の平均，分散といった**モーメント**（moment）をモデルとデータで合わせることによって，パラメータを推定するモーメント推定という方法もあります。

と与えられているとします。数理モデルにおいて，説明変数と目的変数の関係性が関数$f$を用いて，$y_{予測} = f(\boldsymbol{x})$ と書けるとします[5]。

この時，各データ点に対する予測誤差は，

$$\varepsilon_i = y_i - y_{予測} = y_i - f(\boldsymbol{x}_i) \tag{13.1.1}$$

となります。これを二乗して平均したもの（＝平均二乗誤差）を目的関数$L$として，これを最小化する方法を最小二乗法というのでした（3.1節）。

$$L = \frac{1}{n}\sum_{i=1}^{n}\varepsilon_i^2 = \frac{1}{n}\sum_{i=1}^{n}\left(y_i - f(\boldsymbol{x}_i)\right)^2 \tag{13.1.2}$$

この方法は汎用性が高く性能も良いので，最もスタンダードな方法として広く使用されます。

この方法は誤差を二乗するので，データに外れ値が存在した場合，モデルのフィッティングがそれに大きく引っ張られてしまうという弱点があります。そこで，その効果を弱めた目的関数として，二乗ではなく絶対値をとった，次のようなものもよく使用されます。

$$L = \frac{1}{n}\sum_{i=1}^{n}|\varepsilon_i| = \frac{1}{n}\sum_{i=1}^{n}|y_i - f(\boldsymbol{x}_i)| \tag{13.1.3}$$

これを**平均絶対誤差**（mean absolute error; MAE）といいます。単に誤差の和でなく絶対値をとるのは，やはりプラスとマイナスの誤差が打ち消し合ってしまうのを避けるためです。

他にも，誤差が小さいデータに対しては二乗誤差を，大きいデータに対しては絶対誤差を計算して和をとる**Huber損失関数**（Huber loss function）や，値が一定以内に収まっていれば誤差を0とカウントすることでオーバーフィッティングを防ぐ，**$\varepsilon$-許容損失関数**（$\varepsilon$-insensitive loss function）といった方法も知られています。

---

[5] $f$はパラメータ（まとめて$\theta$とします）の関数でもあるので，厳密に書くと$f(x|\theta)$となります。ここでは初学者向けの読みやすさを重視して，単にこのような表記にしました。目的関数$L(\theta)$についても同様です。

## 対数尤度

モデルが確率的な要素を含んでいて，あるデータの値が得られる確率を直接記述する場合には，対数尤度によってモデルの当てはまりを評価することができます。ここでは，目的変数と説明変数を区別せずにまとめて，観測値$x$が得られているとしましょう。モデルにおいて，パラメータの値が$\theta$と決まった時に，ある観測値$x$が得られる確率を，$p(x|\theta)$と書きます。確率の表示$p(\cdots)$で，「○の値を固定して決めた上で」ということを表現するのに，このように縦棒の後ろに変数を指定して書きます。

**与えられたデータは，現実に出現しているわけですから，それを再現するために作った数理モデルの中では，比較的高い確率が割り振られているはずです。** 逆に言えば，モデルの中で出現確率が低いはずの値が，観測されたデータでは沢山出現している場合，それはモデルがよくデータを表現していないということを意味します。

この度合いを測るために，モデルが1つ与えられたときに，データにあるすべての観測値$X = \{x_1, x_2, \ldots, x_n\}$が，そのモデルから出現する確率を計算します。この量を，**尤度**（likelihood）といいます[6]。式で表現すれば，次のようになります。

$$\mathcal{L} = p(X|\theta) \tag{13.1.4}$$

例えば，それぞれの観測値（ここでは$i$番目の観測値）$x_i$が，他の観測と独立に確率$p(x_i|\theta)$で生成されていると仮定すれば[7]，尤度$\mathcal{L}$は次のような確率の積で書けます。

$$\mathcal{L} = \prod_{i=1}^{n} p(x_i|\theta) \tag{13.1.5}$$

この尤度を最大化するパラメータの組が，最もデータを良く表すモデルを与えると考えます。このようにして，尤度を目的関数としてパラメータを推定する方法を，**最尤法・最尤推定**（maximum likelihood estimation; MLE）といいます。

---

[6] データに照らし合わせてモデルがどれだけ**尤（もっと）**もらしいかを表す量（の1つ）なので，尤度といいます。滅茶苦茶なモデルを仮定すれば，そこからたまたま手元のデータが出てくる可能性は非常に低くなりますから，尤度は小さくなります。また，確率変数が連続の場合，「確率」をそのまま「確率密度」に置き換えてしまって問題ありません。

[7] 考えているモデルにおいて観測値同士が独立でない場合には，このように書いてはいけません。

尤度を目的関数に用いる場合，尤度の最大化が目的関数の最小化に対応してほしいので，全体にマイナスをつけます。加えて，尤度はしばしば（13.1.5）式のように膨大な掛け算の形になるので，これを扱いやすくするために対数をとって，次のような形にして使用します。

$$L = -\log \mathcal{L} \tag{13.1.6}$$

この（負の）対数尤度は，確率・統計モデル推定の基本となります[8]。例えば，最小二乗法で推定される線形回帰の問題（3.1節）は，線形の関係に正規分布の誤差が乗った確率モデルとも解釈できるので，最尤法によってパラメータ推定を行うこともできます。興味深いことに，この場合，2つのパラメータ推定法によって得られる値は一致します。

## 確率分布間の「差」を最小化する指標

モデルのパラメータ推定は，モデルの確率分布を，データから得られた経験的な確率分布にできるだけ近づける作業です。この2つの確率分布の間の「差」を，直接最小化するという方針もあります。分布の間の差を定量化する指標の1つとして，**カルバック・ライブラー情報量**（Kullback–Leibler divergence）というものがあります[9]。この差を最小化する操作は，上記の最尤推定と等価になります。

## 交差エントロピー

情報量の観点から2つの分布の近さを定量化する指標として，交差エントロピー（cross entropy）があります[10]。これは分類問題などにおいて目的関数としてよく利用されます。

---

8) 尤度という量を考えて，これを最大化するパラメータを求めるという方針は「尤もらしく」聞こえるかもしれませんが，これが真のパラメータの良い近似を与えることは自明ではありません。実際に，**漸近正規性**が担保されないモデル（例：混合分布モデル，隠れマルコフモデル，ニューラルネットワークなど）では，理論的な保証が失われます。

9) 具体的な式の形は，$D_{\mathrm{KL}}(p_{\mathrm{emp}} \| p_{\mathrm{model}}) = \sum p_{\mathrm{emp}} \log \dfrac{p_{\mathrm{emp}}}{p_{\mathrm{model}}}$ と表現されます。添え字のemp, modelはそれぞれ経験分布，モデル分布を表し，和は確率変数の全ての場合について取ります。確率変数が連続変数の場合は和を積分に置き換えます。二つの分布の差を表す指標ですが，比較する分布を逆にすると一般に値が変わることに注意してください。

10) 具体的な式は，$H(p_{\mathrm{emp}}, p_{\mathrm{model}}) = -\sum p_{\mathrm{emp}} \log p_{\mathrm{model}}$ と表現されます。直前の註と同じく，和はすべての場合について取り，確率変数が連続変数の場合は積分で置き換えます。式の形からわかるように，パラメータ推定におけるカルバック・ライブラー情報量の最小化と交差エントロピーの最小化は一致します。

## 13.2 パラメータ推定における目的関数の最小化

### 目的関数を最小化するには

パラメータ推定は，適切に設定した目的関数を最小化する問題になりました。それでは，具体的にそのパラメータをどうやって求めればいいのでしょうか？

これにはいくつかのアプローチがあり，モデルの複雑さによって利用可能なものが異なります。本節では，その方法について順に解説していきます。

### 解析的に解く

目的関数が，パラメータについて簡単な式で書ける場合，数式上の計算によってパラメータを求めることができます。モデルに含まれるパラメータをひとまとめにして$\theta$と書くことにすると，データとモデルが与えられたときの目的関数は，$\theta$だけの関数として$L(\theta)$と書かれます。これが最小になるための（必要）条件は，数学的に

$$\frac{\partial L}{\partial \theta} = 0 \tag{13.2.1}$$

とパラメータによる微分が0になる（パラメータが複数ある場合は，そのそれぞれで微分してすべて0になる）ことですから（3.3節），実際にこの計算を実行します。

こうして出てきたパラメータの値の組が1つであれば，それを採用します[11]。答えが複数出てきた場合は，パラメータをそれらの値に設定した時に目的関数の値がいくつになるかを見て，より小さい方を選択します（選ばれなかった方は局所最適解となります）。

---

11) まともな目的関数を使用している限り，単一の停留点が極大値や鞍点であることはありえません。

## パラメータをスウィープする

目的関数の最小化が解析的にできない場合を考えましょう。パラメータの数が少なく（～数個），調べればよい範囲が大きくない場合，単にすべての場合について目的関数の値を計算してしまうという方法があります。もちろん，パラメータ値のパターンは（パラメータが連続値をとる場合）無限にあるので，本当にすべてを計算し尽くすことはできませんが，適当にグリッド状に間引いて調べることで，どのあたりに最適な値があるのか見当をつけることができます（図13.2.1）。

機械学習の文脈では，ハイパーパラメータをこのようにして調整することを，**グリッドサーチ**（grid search）といいます。

最適解の目星がついたら，その周りでグリッドを細かくして再度計算するか，**二分法**（bisection method）や次に紹介する**最急降下法**（gradient-descent method）などで一番良い値を求めます。この方法では調整するパラメータの数が増えると，調べなくてはならないパラメータの値の数が増大するので，限定された状況でしか使えないという欠点があります。一方で，適切なグリッド幅が設定できれば，複数の局所最適解があったとしても，正しく大域最適解を探し当てることができるという利点があります。このようにしてパラメータの値をすべて試す方法を，**パラメータスウィープ**（parameter sweep）といいます。

## 最急降下法

ここまでの方法が使えない場合で，目的関数が具体的に数式で計算でき，そのパラメータによる微分が計算できる時には最急降下法を使います。この方法は，パラメータの値を目的関数が減る方向に少しずつ動かしていくアルゴリズムです（図13.2.1）。

具体的には，次の式に従ってパラメータの値を更新していきます。

$$\theta \leftarrow \theta - \alpha \frac{\partial L}{\partial \theta} \tag{13.2.2}$$

$\alpha$は学習率と呼ばれる更新の幅を決める正の値で，問題に応じて適切に決めます。パラメータが複数ある場合には，上記の更新をそれぞれのパラメータに対して同時に行います。

例えば，$\theta$ を少し増やしたときに目的関数が減る場合，$\theta$ の値は増やした方がいいわけですが，このとき式の中の $-\alpha\dfrac{\partial L}{\partial\theta}$ の項は正の値になりますから，$\theta$ が増える方向に値が更新されます。

この手続きを繰り返して，値が変化しなくなるまで更新したときに得られる値を推定値とします。

最急降下法は，さまざまな問題において実装がしやすく性能も良いので，広く用いられるスタンダードな方法です。

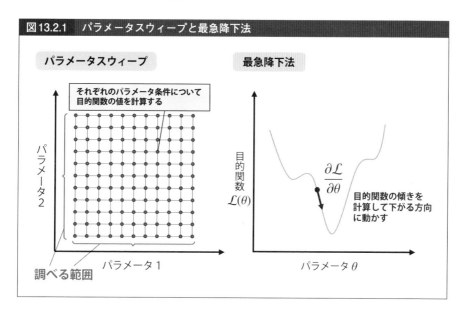

**図13.2.1　パラメータスウィープと最急降下法**

パラメータスウィープ

最急降下法

それぞれのパラメータ条件について
目的関数の値を計算する

パラメータ2

パラメータ1

調べる範囲

目的関数
$\mathcal{L}(\theta)$

$\dfrac{\partial\mathcal{L}}{\partial\theta}$

目的関数の傾きを
計算して下がる方向
に動かす

パラメータ $\theta$

## 局所解に陥らないために

この方法ではパラメータの値を少しずつ更新するので，局所最適解に陥ってしまうとそこから出てくることができません。実用上は，いくつかのランダムな初期値からパラメータを探索させることによって，その中で一番良いものをとるという方法が良く用いられます[12]。また，モデルによっては1つしか局所最適解がないことを示せるものもあり，その場合は一度パラメータを推定すれば十分です。

---

12) 深層学習などの文脈では，ほとんどの場合，大域最適解を求められませんが，実用上は性能が良い局所解さえ見つかれば問題ないということが多いです。

局所最適解に陥ってしまう危険性を緩和する方法の1つとして，**確率的勾配降下法**（stochastic gradient descent）があります。これは最急降下法でパラメータを更新する際に，データをすべて使わずに，毎回一部のデータをランダムに用いるという方法です。このような手続きを踏むと，最適化される目的関数が毎回少しずつ変化するので，局所最適解から出やすくなる他，問題によってはすべてのデータを使わないことが計算上のメリットになることもあります。

　特に深層学習の文脈では，この確率的勾配降下法において学習率を動的に変化させて，解が得られる速度を高速化するさまざまな手法が提案されています。

## 過学習を防ぐ

　過学習とは，モデルをデータに合わせすぎてしまうことにより，本質的なデータ生成規則とはかけ離れたモデルを推定してしまうことでした。これを防ぐために，データをほどほどに信用しつつも合わせすぎないようにすることを考えます。

　代表的な方法の1つとして知られている，**正則化**（regularization）について説明します。これは，目的関数にパラメータの「値の大きさ」である $\|\theta\|$ を足して[13]

$$L(\theta) + \lambda \|\theta\| \tag{13.2.3}$$

を最小化するというものです（$\lambda$ は適当な定数）。これにより，パラメータの値が小さいモデルが選ばれやすくなります。

　このパラメータの「値の大きさ」をどう定義するかには，いくつかの方法があります。スタンダードな**L2ノルム正則化**（L2 regularization）では，モデルに含まれるすべてのパラメータの値を二乗して足し算して計算します。

$$\|\theta\| = \sum_i \theta_i^2 \tag{13.2.4}$$

　また，しばしば利用される**L1ノルム正則化**（L1 regularization）では，パラメータの値の絶対値を足し上げたものを利用します。

$$\|\theta\| = \sum_i |\theta_i| \tag{13.2.5}$$

L1ノルム正則化を施すと，値が小さいパラメータに対する罰則がL2ノルム正則

---

13) ベクトルの「大きさ」を**ノルム**といって，このように縦棒二本で囲んで表現します。ここではパラメータが複数の値の組であるとします。

化より強いので，（L2 ノルムでは小さい値は二乗されて相対的に寄与が小さくなる）値が0になるパラメータの数が増えます。つまり，これは少ない数のパラメータだけでモデルの推定を行おうとすることに対応します。このようにして出来上がったモデルを，**スパースモデル**（sparse model）といいます。

　正則化の考え方は，パラメータの値や数を減らして複雑でないモデルを選択しやすくするということです。ただし，これがうまく働くかどうかはモデルの種類[14]，データの性質によるので，どのような正則化を使用するかについては試行錯誤が必要になります。

## 目的関数最小化の実施

　本書で紹介した，方程式モデル，統計モデル，時系列モデル，行動強化学習モデル，機械学習モデルについてはほとんどの場合，モデルに応じた計算用ライブラリが存在し，簡単に目的関数の最適化によるパラメータ推定を行うことが可能です（モデルが複雑な場合，この後に紹介するMCMC（13.3 節）などの手法が必要になります）。

　一方で，微分方程式モデル，（複雑な）確率モデルや多体系・エージェントベースモデルにおいては，一般にこのようなライブラリは存在しませんが，そもそもこれらのモデルは定性的な現象の説明を行うための理解志向型モデリングとして採用されることが多いので，目的関数最小化によるパラメータ推定を行うニーズが存在しないことがほとんどです[15]。

---

14) 例えば，「パラメータの値が小さい方がシンプルなモデルである」ということは，必ずしも常に成り立つわけではありません。

15) 定量的に十分な予測力をもたないモデルにおいて，パラメータの値を細かくきっちり決める行為には意味がありません。

# 13.3 ベイズ推定・ベイズモデリング

## パラメータの分布を考えるのがベイズ推定

　同じモデルや対象からデータを何度かとってくることを考えましょう。こうして毎回データを取ってくるたびに，それぞれのサンプルでパラメータを推定すると，推定される値はばらついていることでしょう。本書ではここまで基本的に，数理モデルにおいては真のパラメータの値が1つ決まっていて，それを推定する，という方針をとってきました。一方で，背後にあるパラメータがばらついている，つまりパラメータが確率分布に従っていると考えて数理モデルを構築した上で，パラメータ推定を行うこともできます。これを**ベイズモデリング**（Bayesian modeling）・**ベイズ推定**（Bayesian inference）といいます（図13.3.1）[16]。ベイズ推定では，データからパラメータの確率分布を求めることを目指します。

　このベイズモデリングでは，パラメータの値を1つ決めると，そのパラメータの値を持つモデルが発生する確率が決まります。この確率を使って，さまざまなパラメータの値についてモデルの期待値をとったものが，最終的な予測モデルと

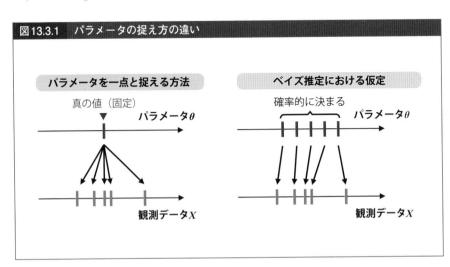

図13.3.1　パラメータの捉え方の違い

---

16) 本格的な参考書として，渡辺澄夫『ベイズ統計の理論と方法』（コロナ社）を挙げておきます。

して推定されます。また，後ほど解説するように，そのような期待値は取らずに，推定されたパラメータの分布についての代表的な量を計算して利用することもできます。

## パラメータの確率分布？

「パラメータの確率分布」という考えるべき要素が1つ増えました。ひとまず，この確率分布を $p(\theta)$ と書いておきましょう。今，この分布の形に関しては何も情報がないので，具体的な形を決めることができません。

あるデータが得られる手順を，ベイズ的な枠組みで解釈してみましょう。

(1)パラメータ $\theta$ の値が確率 $p(\theta)$ で決まる

(2)そのパラメータで決まる数理モデルからデータ $X$ が生成される（この確率を $p(X|\theta)$ とする[17]）

従って，これらがすべて起こることによってデータ $X$ が得られる確率[18]は，

$$p(X|\theta)p(\theta) \tag{13.3.1}$$

と書けます。ここで，パラメータ（だけ）を変化させることを念頭において，データが得られた状況下で $\theta$ が得られる確率を求めると，次のようになります。

$$\frac{p(X|\theta)p(\theta)}{\int p(X|\theta)p(\theta)d\theta} \tag{13.3.2}$$

分子は式（13.3.1）のままで，分母には，すべての $\theta$ の場合について，確率の和をとると1になるように調整するための項が入ります[19]。この量を $p(\theta|X)$ と書いて，パラメータ $\theta$ の**事後分布**（posterior distribution）と呼びます。この量は，データ $X$ が得られたことを前提にしたときに，パラメータ $\theta$ が従う確率分布です。データ $X$ とパラメータ $\theta$ が得られる（普通の）確率である $p(X,\theta)=p(X|\theta)p(\theta)$ との

---

17) 数式としては尤度と同じものです。

18) 正確には確率密度。次の式も同様です。

19) なぜ，こういう補正が必要になったのでしょうか？　ここでは $X$ は変化しないとしているので，$X$ が別の値だったら？ ということを一切考えません。元の式（13.3.1）では $X$ が他の値である状況も含まれているので，このままだと $\theta$ のすべての場合を考えても確率の和が1にならなくなってしまいます。

違いは，データ$X$を固定して考えているという点です（**ベイズの定理**；Bayes' theorem）。

なお，$p(\theta)$ のことを，対応して**事前分布**（prior distribution）といいます。事前分布は，データを得る前に仮定した分布，事後分布はデータを得て情報を更新した分布，に対応します。ベイズモデリングでは，この事後分布を推定することで，パラメータの分布の推定がなされた，とします（図13.3.2）。

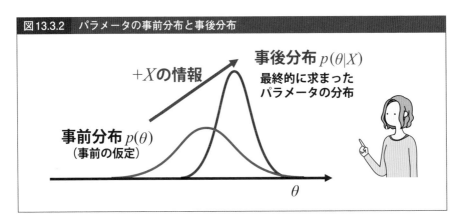

図13.3.2　パラメータの事前分布と事後分布

$p(\theta)$ について全く情報がない場合，実践的な方法の1つとして，とりあえず，$p(\theta) =$（一定）という一様分布を設定してみましょう。式（13.3.2）から，事後分布$= p(X|\theta)$ となり，モデルの尤度（式（13.1.4））に一致していることがわかります。このように，尤度関数によって「尤もらしい」パラメータの値を調べるという考え方は，ベイズ的なパラメータ分布の考え方とつながっています。

一方で，例えば着目するパラメータの値について「既存研究からこのくらいの値になることがわかっている」という状況では，その情報を（例えば，平均をその値に持つ正規分布などとして）事前分布に含めることもできます。このような事前知識を含めることで，データが不足していても比較的安定して推定を行うことができるといった利点もあります。

## 推定された分布を特徴づける

パラメータの分布が得られたとして，パラメータの値を1つ決めたい時には，その分布を代表する値として，この事後確率が最大になる値（**MAP推定値**；MAP estimator）や事後分布による期待値（**EAP推定値**；EAP estimator），中央値（**MED推定値**；MED estimator）などを計算して点推定値とします。また，分布の標準偏差（**事後標準偏差**；posterior standard deviation）を計算すれば，パラメータがどれくらいばらついているのかを特徴づけることができます。**95％信用区間**（95% credible interval）[20]という，パラメータの値が95％の確率で含まれる範囲もよく使用されます。

## マルコフ連鎖モンテカルロ法

　パラメータの事後分布から，パラメータの推定値を特徴づけるさまざまな量を計算できることを説明しましたが，実際にこの計算を解析的に行うことは困難な場合がほとんどです[21]。そこで，数値的にこの分布を求めることを考えます。最もスタンダードな手法である，**マルコフ連鎖モンテカルロ**（Markov chain Monte Carlo; MCMC）法について解説します。

　まず，「モンテカルロ法」というのは，計算機に乱数を発生させてシミュレーションを行う方法の総称のことでした（5.3節）。「マルコフ連鎖」についても，既に5.2節で解説しましたね。現在の状況の情報だけ使用して，次の状態を確率的に決めるのがマルコフ連鎖でした。MCMC法は，具体的には次のようなマルコフ連鎖を計算機上でシミュレートする方法を指します。

　数値的に求めたい確率分布を，$q(\theta)$ とします。MCMCでは，まず確率変数（何でもいいのですが，$\theta$ と書いておきます）の従う確率過程モデルを考えます。このモデルをシミュレートして動かすと，最終的に $(\theta_1, \theta_2,..., \theta_t)$ のような系列が得られます。確率過程モデルを適切に設定すると，このようにして得られた $\theta$ の値の出現確率の分布を，求めたい確率分布 $q(\theta)$ に一致させることができます。

　要するに，求めたい確率分布が出てくるような確率モデルを作って実際に動かすのが，MCMCです（図13.3.3）。

---

20) **95％信頼区間**（confidence interval）と似ていますが，異なる概念です。95％信頼区間は，データをサンプルしたときに，着目している真の値が95％の確率でその範囲に入っていることを意味します。この時，確率的に変化しているのは区間の方で，真の値は固定されています。

21) 単純なパラメータの点推定とは異なり，具体的にパラメータの確率分布を使ってさまざまな計算をする手続きを行っていることに注意してください。なお，この計算を可能にするために，モデルの関数形に応じて事前分布 $p(\theta)$ を都合のいい分布（**共役事前分布**）に選んでおくことも，しばしば行われます。共役事前分布を使用すると，事前分布と事後分布の関数形が同じになるという利点があります。

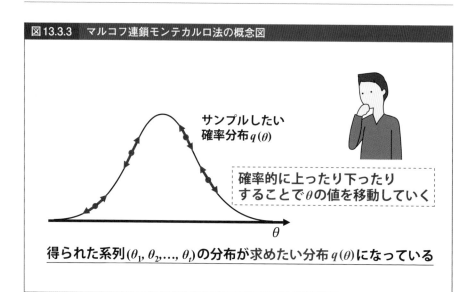

**図13.3.3　マルコフ連鎖モンテカルロ法の概念図**

サンプルしたい
確率分布 $q(\theta)$

確率的に上ったり下ったり
することで $\theta$ の値を移動していく

$\theta$

得られた系列 $(\theta_1, \theta_2, ..., \theta_t)$ の分布が求めたい分布 $q(\theta)$ になっている

## メトロポリス法

　それでは，具体的にどのように確率過程を構成すればいいのでしょうか？

　これにはさまざまな方法が知られていますが，ここではその中でも基礎的なメトロポリス法について紹介します。この方法では，次の手続きによって確率変数 $\theta$ の値を更新していきます。

(1) $\theta$ の初期値をランダムに決める
(2) 現時点での値 $\theta_t$ から，値をランダムに[22]変化させた値 $\theta_t'$ を用意する
(3) 関数の値の比 $q(\theta_t') / q(\theta_t)$ を計算する
(4) この値が1より大きければ，$\theta_t'$ を新しい値 $\theta_{t+1}$ として採用する。小さい場合は，確率 $q(\theta_t')/q(\theta_t)$ で $\theta_t'$ を採用し，確率 $1 - q(\theta_t')/q(\theta_t)$ で元の値を維持する
(5) (2)～(4)を繰り返す

このようにして得られた値の系列から頻度分布を計算すれば，求めたい分布と

---

22) 値の決め方として，「現在の値が $\theta_t$ だった場合に $\theta_t'$ が選ばれる確率」と「現在の値が $\theta_t'$ だった場合に $\theta_t$ が選ばれる確率」が同じになるようなルールを採用します。

なります[23]。十分に長い時間シミュレートすれば，初期条件によらない定常分布が得られますが，データが少なかったり，モデルに何らかの問題がある場合は，サンプリング結果が初期値に依存してしまい，正しい結果が得られないこともあります。

　なお，最尤推定において最尤値を数値的にMCMCで求めることも可能です。モデルの確率分布の式が複雑になると，解析的な方法に頼るパラメータ推定手法はほとんど使えなくなりますが，そのような状況でもMCMCは適用可能な場合が多いです。

　ここで紹介したメトロポリス法以外にも，いくつかの有力なサンプリングアルゴリズムが存在しています。これらのアルゴリズムは自分で実装しなくても，StanやWinBUGSといったソフトウェアで利用することができます。

---

23) もちろん，$\theta$の動かし方をでたらめに決めると，$q(\theta)$ とは全く関係のない分布が得られてしまいます。動かす確率をこのように決めていることが，正しく$q(\theta)$ をサンプルするためのミソになっています。この手続きによって，元の問題と比べて何の計算が楽になっているのかおわかりでしょうか？　ポイントは(3)で関数の比をとることで，これによって式（13.3.2）の分母の積分が打ち消されて計算を回避できています。

## 第13章のまとめ

- ●モデルを定量的にデータと細かく一致させたい場合には，平均二乗誤差や対数尤度などを目的関数として，それを最小化するパラメータの値を求める。

- ●目的関数の最小化には，幅広い問題に使える最急降下法などの手法を用いる。

- ●パラメータを1つの値ではなく分布と考えるベイズ推定の考え方も非常に有用で，推定されるパラメータ分布のさまざまな情報を利用することができる。

# 第14章

# モデルを評価する

既に述べたように，数理モデルは「一度作ったらそれで完成」ではなく，試行錯誤しながら最終的に使用するモデルを作っていきます。そのためには「良い」モデルを選ぶための指標が必要となります。本章では，そもそも「良さ」を何で測ればいいのか・具体的な指標はどう計算すればいいのかについて解説していきます。

# 14.1 「いいモデル」とは

## 目的に応じたモデルの評価

　いくつか候補となるモデルがあるとき，それらの中から一番良いモデルを選択する必要があります。ある変数をモデルに含めたほうがいいのか，外した方がいいのかといった検討もモデル選択の1つです。

　前章では，モデルのデータへの当てはまりを良くすることでパラメータの値を推定しました。この「当てはまりの良さ」はもちろん，数理モデルの良さを評価する指標の1つです。そもそもモデルがデータに全然当てはまっていなければ，そのモデルは対象となるデータ生成メカニズムとは無関係であるということになってしまいます。

　一方で，データによく当てはまってさえいれば良いかといえば，そうではありません。数理モデリングにおいては，目的に応じて異なるアプローチが必要であるということを繰り返し述べてきましたが，**モデルの「良さ」を評価するための考え方・指標も目的に応じて変化します。**

　もちろん，目的を良く達成できるのが「いいモデル」となります。1つずつ順に整理していきましょう。

## メカニズム理解を目的としたモデルの評価

　メカニズムの理解を目的として数理モデリングを行う場合，対象となるデータの生成メカニズムが「理解」できることが重要です。いくらモデルがデータに綺麗に当てはまっていても，理解につながらなければ目的を達成できていないということになります。したがって，以下のような観点からモデルを評価します。

> **(1)モデルの解釈性**
> モデルの各要素（変数・数理構造・パラメータ）がすべて説明可能で，既存の体系や法則，経験事実と矛盾しないか。また，対象のデータ生成規則を再現する最小限の構成になっているか。
> **(2)当てはまりの良さ**
> モデルがデータと（許容される範囲で）当てはまり，整合的か。

(1)については，数値的な指標で評価することができません。一方で，(2)の評価については次節で紹介するさまざまな評価指標を利用することができます。この2つの要素は，しばしばトレードオフの関係にあります。つまり，モデルを複雑にすればデータへの当てはまりは良くなりますが，解釈性が下がってしまいます（図14.1.1）。

実際の現象は，それを支配する重要なメカニズムと，些細な影響を与えるその他の要素によって生じているとみなせることがよくあります。この時，どの要素まで考慮に含める必要があるのかを，データへの当てはまりの度合いとともにバランスをとりつつ検討します。なお，このようなトレードオフになっていない場合（モデルを単純にして解釈性を上げたらデータへの当てはまりもよくなった場合），最初のモデルがあまりに間違っていたことを意味します。

上記のようにモデル検討を行うと，モデルがオーバーフィッティングしてしまうことはほとんどありません[1]。

## 統計的推論を行うためのモデルの評価

統計モデリングによって統計的推論を行いたい場合についても，解釈性とモデルの当てはまりのバランスが重要ですが，メカニズム理解の場合よりも，データへの当てはまりの重要度が高まります。したがって，モデルがオーバーフィッティングする危険性も考慮に入れなければいけません。この文脈におけるモデル選択

---

[1] むしろ「アンダーフィッティング」したモデルが選択されていると見ることもできます。モデルを評価・選択した後で，オーバーフィッティングしてしまっていないか一応チェックする，という方針が一般に採用されます。モデルがオーバーフィッティングするかアンダーフィッティングするかは，モデルの複雑さだけではなく，対象となるデータの複雑さとの相対的な関係で決まります。

では，同じタイプのモデルを使って，使用する変数を選んだり，使用する変数間の関係式を変化させたりと，モデルの解釈性自体はそこまで大きく変化しない範囲での検討を行うことが多いです。この場合，モデルの複雑さとデータへの当てはまりの良さのバランスを数値的に評価する方法論が存在します。具体的には次節以降で解説します。

## 応用志向型モデリングにおけるモデルの評価

応用志向型モデリングの場合，ここまで見たような解釈性はそこまで重視されず，応用時のパフォーマンス（モデルの予測性能など）が良いかどうか，つまりモデルの（未知の）データへの当てはまりが良いかどうかだけが重要となります。モデルをぎりぎりまで複雑化して当てはまりを良くすることを目指すので，オーバーフィッティングとの闘いとなります（図14.1.1）。

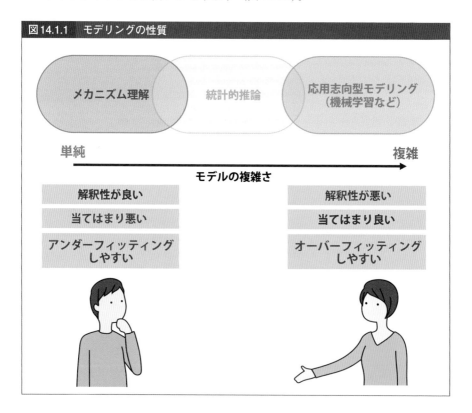

図14.1.1　モデリングの性質

# 14.2 分類精度の指標

## 当てはまりの良さ・性能を測る

　まずは，モデルのデータへの当てはまりの良さを測ることがモデル選択の第一歩です。当てはまりの良さのことを一般に，**適合度**（goodness of fit）といいます。パラメータ推定に使用した目的関数（平均二乗誤差や対数尤度）は適合度指標になります。また，線形回帰で登場した決定係数$R^2$も，適合度指標の1つです。基本的にはこれらをそのまま当てはまりの良さを評価する目的で使用すればいいのですが，ここではそれらに加えて，分類問題における予測性能の評価指標についていくつか紹介します。

## 正解率・再現率・特異度・適合率・F値

　個人の何らかのデータ（例えば，血液検査の結果など）から，その人がある病気に罹っているかどうかを判断するモデルを考えましょう。この病気の有病率は人口の1%，つまり100人に1人がこの病気に罹っているものとします。このモデルによる予測結果を細かく見ると，「健康な人を健康だと正しく予測する」，「健康

### 図14.2.1　モデルの予測と正解不正解のパターン

|   |   | 真実 | |
|---|---|---|---|
|   |   | 健康 | 病気 |
| モデルによる予測 | 健康と予測 | 真陰性<br>true negative | 偽陰性<br>false negative |
|   | 病気と予測 | 偽陽性<br>false positive | 真陽性<br>true positive |

な人を病気だと誤って予測してしまう」,「病気の人を健康だと誤って予測してしまう」,「病気の人を病気だと正しく予測する」, の4通りの状況が考えられます（図14.2.1）。

ここで仮に, このモデルがすべての個人に対して「健康である」と予測する駄目なモデルだったとしましょう。この時, 99％の個人は実際に健康ですから, このモデルの予測は99％正解するということになります。このように実際に予測された値が正解する割合を, **正解率**（accuracy）といいます。

もちろん,「正解率」が99％でも, 病気の人を正しく見分けられなければ意味がないですよね。

こうした性能を正しく評価するには,「病気の人をどれだけ正しく病気だと予測できるか」を測らなければいけません。これを**再現率**（recall）といいます。ここでも先ほどと同じように, 全員に対して「病気である」と予測すれば再現率を上げることは可能です。一方でこの場合は, 本当は健康な人を「健康である」と予測するのに失敗することになります。この, 健康な人を「健康である」と予測できた割合を, **特異度**（specificity）といいます。

一般に, 病気の人を確実に検出しようとすると, 誤って健康な人にも陽性が出

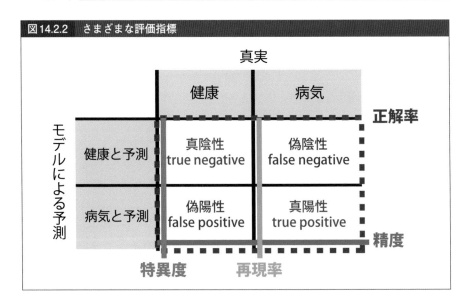

図14.2.2　さまざまな評価指標

てしまいます。一方で，そのようなことが起こらないように検出する基準を厳しくすると，今度は本当に病気の人を取りこぼしてしまいます。「病気である」と予測された人の中で，実際にその人が病気である割合を**精度**（precision）といいます。この精度と再現率にはトレードオフの関係があり，それらを調和平均して作った指標を，**F値**（F score）といいます。これらの指標たち（図14.2.2）のうち，目的に応じてどの指標を最大化するべきなのかを選択して使用します。

## ROC曲線とAUC

データを2つのクラスに分類するモデルでは一般に，「入力がどちらのクラスにどれほど近いか」を表す数値スコアを計算して，それに基づいて最終的にどちらかのクラスを出力します。例えば，先ほどの例では，モデルは個人の「病気度」を計算するとします。この値は0から1までの実数をとり，0が「確実に健康である」，1が「確実に病気である」に対応するとします。ある人のデータについて，モデルが病気度0.6と予測したとしましょう。

この場合，この人を「病気」に分類するべきでしょうか？

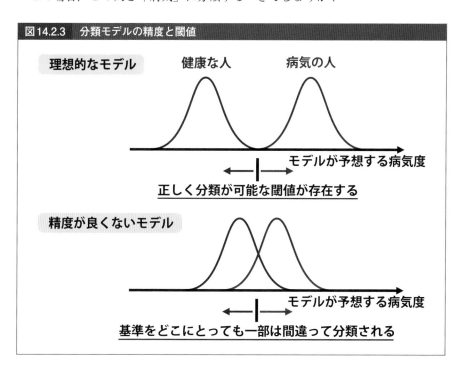

図14.2.3　分類モデルの精度と閾値

前の項で説明した通り、この基準（**閾値**[2]；thresholdといいます）を大きく取りすぎると、本当に病気の人をとりこぼしてしまいます。一方で、逆に小さく取りすぎると、多くの健康な人にも「病気である」という診断をしてしまいます（図14.2.3）。**理想的なモデルでは、**この値を適切にとれば（例えば病気度0.5を超えたら病気と判断する）、すべての個人に対して正しい分類が可能になります（図14.2.3）。逆に、**性能の低いモデルでは、**この値をどんな値に設定しても一定割合で誤った診断をしてしまいます（極端な例として、完全にでたらめなスコアを出力するモデルを考えるとわかりやすいです）。

この側面からモデルを評価するための方法として、**ROC曲線**（receiver operating characteristic curve[3]）というものがあります。クラス分けに使う閾値を変化させることによって、モデルが予測する分類スコア（この例では病気度）がどれくらい2つのクラスで分離しているかを評価する方法です。

縦軸には再現率（病気の人を正しく病気と判断する割合）、横軸に健康な人を病気だと診断してしまった割合（偽陽性率 = 1 − 特異度）をプロットしていきます。理想的なモデルでは（図14.2.4）、再現率を上げるために閾値を変化させたときに（①〜③）偽陽性率が上がりません（つまり、健康な人を間違って病気と診断しない）。再現率が上がりきったところ（③）でさらに閾値を変化させると、今度は健康な人が病気と判断される領域に入りますからどんどん偽陽性率が高くなります（④）。

ROC曲線は、理想的なモデルではこのように原点から垂直に上がり、再現率が1に到達した後、水平に変化するという動きをします。一方で、正解率が100%でない（普通の）モデルでは曲線は右下の方に移動します。この移動の度合いを定量化するために、曲線の下の面積を計算してモデルの評価指標として利用します。これを **AUC**（area under the curve）といいます。

この値は通常0.5から1までの値をとり、1に近い程良いモデルであるということを意味します。

---

[2] 「しきいち」と読むことが多いですが、分野によっては「いきち」と読むこともあり、片方の読み方だけが正しいということはないようです。

[3] 第二次世界大戦中にレーダーで敵機を検出する方法として開発されたため、このような名前がついています。

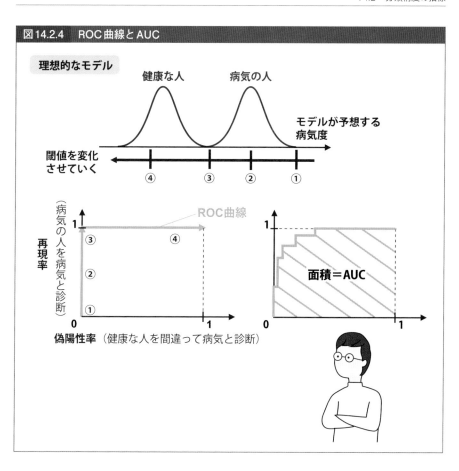

図14.2.4　ROC曲線とAUC

理想的なモデル

健康な人　　病気の人

モデルが予想する病気度

閾値を変化させていく

④　③　②　①

ROC曲線

再現率（病気の人を病気と診断）

偽陽性率（健康な人を間違って病気と診断）

面積＝AUC

# 14.3 情報量規準

## モデルが複雑ならば適合度は上がる

　既に説明した通り，モデルを複雑にすればいくらでもデータに合わせることができてしまいます（例えば，パラメータの数をデータの数と同じだけ用意すれば，完璧にデータを再現するモデルを作れます）。しかし，同時にオーバーフィッティングの危険性も高まります。したがって，モデルを適切な複雑さにとどめつつ，その中でできるだけよくデータを説明するモデルを選ぶ必要があります。

　本節では，**情報量規準**（information criterion）という指標について説明します。一般に，この指標が小さいほど，良いモデルであるとされます[4]。

## 赤池情報量規準 AIC

　情報量規準で最も良く使用されるのが**赤池情報量規準**（AIC）で，以下の式によって計算されます。

$$\mathrm{AIC} = -2\ln\mathcal{L} + 2k \tag{14.3.1}$$

$\mathcal{L}$はモデルの最大尤度（パラメータを推定して尤度を最大化したもの），$k$はモデルに含まれている自由に動かせるパラメータの数です。右辺第一項の負の対数尤度は，当てはまりが良い程小さい値になります。一方で，第二項はパラメータの数が増えれば増えるほど大きくなります。したがって，モデルが複雑になるほど大きくなるペナルティの項と見ることができます。

　実践的には，このAICを計算して，その値が小さいモデルを選択するという使い方をします。この情報量規準は，モデルが同じ規則で生成された未知のデータをどれだけ説明できるか（予測できるか）というアイデアに基づいて提案されま

---

4)　しかし，後述するようにそもそもこれらの前提となっている考え方が「正しい」と考えていいのか，理論的に特定のモデルに適用していいのかについてはケースバイケースで，モデル選択の強い論拠には（本当は）できないことも多いです。

した[5]。AICは特に統計モデリングの文脈でよく利用され，大抵のライブラリには自動的に計算するツールが整備されています。

## ベイズ情報量規準BIC

AICと並んでよく利用されるのが，**ベイズ情報量規準**（BIC）です。これは，下記の式で計算されます。

$$\mathrm{BIC} = -2\ln\mathcal{L} + k\ln n \tag{14.3.2}$$

$\mathcal{L}, k$はそれぞれ最大尤度とパラメータ数，$n$はデータの観測数を表します。AICと同じく，尤度が高いほど値は小さくなり，パラメータの数が多いほどペナルティが付きます。AICとの違いは，データの観測数$n$に依存していることです。AICと形は非常に似ていますが，ベイズ統計における**周辺尤度**の最大化という異なるアイディアを基にして導出されます[6]。

## その他の情報量規準

代表的な情報量規準としてAICとBICを紹介しましたが，これらを改良，拡張したさまざまな情報量規準が存在します。ここでは代表的なものだけ簡単に紹介すると，符号化の理論に基づいた**最小記述長**（MDL），AICを階層モデルに対して適用できるようにした**逸脱度情報量規準**（DIC），AIC・BICをより広いモデル[7]に適用可能にした**WAIC・WBIC**，などがあります。

一般的に，このような指標に基づいたモデル選択でも，「真のモデルがわからない状態で限られたデータからモデルを評価しなければいけない」という困難からは逃れられません。AICの項で説明したように，作ったモデルが未知のデータに対してよく機能することを実際に確かめることができれば，それが一番確実です。

---

5) 式（14.3.1）は近似計算により解析的に導出されたものですが，複雑なモデル（混合分布モデル，ニューラルネットワーク等の**特異モデル**と呼ばれるモデル）の場合，近似が成り立たなかったり，そもそも最尤推定を前提としてはいけなかったりと，理論的な保証が失われます。また，AICではネストされたモデル同士しか比較できない，という立場もあります。

6) 周辺尤度とはそのモデルからデータが生成される確率を表したものですが，ベイズ統計の考え方に従い，パラメータが確率的に分布している上での期待値をとります。これにより，パラメータの数が増えると，パラメータの適合度が低い領域の寄与が増えるのでペナルティとなる効果があります。

7) 特異モデル。

しかし，この方法ではモデルを構築するときに使用するデータに加えて，モデルをテストするためのデータを用意しなければいけません。場合によっては，しばしばこのようなデータが準備できないこともあります。そのような状況では，本節で紹介した情報量規準が役に立ちます。

# 14.4 ヌルモデルとの比較・尤度比検定

## モデルに入れた要素に意味があるか

あるモデルが別のモデルに含まれている（「**ネストされている**（nested）」といいます）場合に，これらを比較することを考えます。この分析は，より適合度の良いモデルを探すという目的のほかにも，対象となるシステムにおいてある要素が重要であるかどうかを検証するときにも重要な考え方になります。

ここでは，2つのモデルを比較することを考えます。1つは提案したいモデル，もう1つは**ヌルモデル**（null model）というもので，提案したいモデルにおいて主張に必要な要素（例えば，「ある変数・数理構造の影響が，対象を説明するのに重要である」等）を取り除いたモデルのことを指します。

この2つのモデルの性能を比較することによって，提案モデルの方がデータをよく説明するということを示せば，「この要素を考慮に入れたほうがいい＝重要なファクターである」という主張を行うことが可能になります。

どの性能指標を使えばいいのかについては，使用しているモデルやデータの性質によります。性能の差が明らかな場合，単にこの性能指標の差を報告すればいいでしょう。一方で，そうでない場合は次に紹介する統計的な検定が役立ちます。

## 尤度比検定

ネストされたモデルの性能を比較する有効な方法として，**尤度比検定**（likelihood ratio test）というものがあります。ここでは簡単にアイデアだけ解説し，詳細な手続きについては参考書[8]に譲りたいと思います。

一般にモデルが複雑であるほど，データによく当てはまるということを説明しました。したがって，ネストされたモデル同士を比較すると，必ず複雑な方のモデルにおいて適合度が高くなります。この適合度の差について，モデルがただ複

---

[8]　久保拓弥『データ解析のための統計モデリング入門』（岩波書店）

雑だからよくデータに当てはまっているのか，本質的な要素を含んでいるからデータに当てはまっているのかのどちらなのかを判断するための方法が，尤度比検定です。

　まず尤度比検定では，データが本当はヌルモデルから生成されていると仮定します。そしてこのヌルモデルを使って，実際にランダムにデータを生成します（このようにして得られたデータを，**代替データ**（surrogate data）といいます）。生成されたデータに対して，ヌルモデルと提案モデルの両方をあてはめて，その適合度の差を見ます[9]。これは，本当はヌルモデルから生成されているデータに対して分析を行うと，「提案モデルが複雑なおかげでどれだけ適合度が上がるのか」をシミュレートしていることになります。

　この手続きを何度も行うことで，適合度の差の分布を得ることができます（図14.4.1）。その分布の中で，実際のデータに当てはめた際に得られる適合度の差が発生する確率を計算します。これが事前に決めた有意水準よりも小さければ，提案モデルは「たまたま複雑なおかげで適合度が良かった」という説明ができない

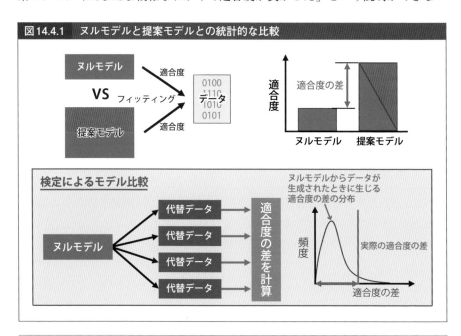

図14.4.1　ヌルモデルと提案モデルとの統計的な比較

---

9)　尤度比検定では，適合度の差として対数尤度の差（尤度比の対数）を2倍したもの（**逸脱度**といいます）を使用します。この値が従う分布が$\chi^2$分布で近似できることがあり，その際にはこのような手続きを経ずとも$p$値を計算することができます。

ほど性能が良いことになり，有意に「良いモデル」であると主張することができます。

## 統計検定とヌルモデル

　モデル間の比較の文脈でヌルモデルの利用法について解説してきましたが，これは統計検定の文脈では自然と行われていることです。データからある量を計算したところ，ヌルモデルでは説明できない異常な値が出ている（＝何か非自明なことが起きている）という主張を行うとき，このヌルモデルに対応するモデルには，（正規分布などの特徴がよく知られている分布に限らず）本来は何を使っても構わないわけです。ただし，確率分布が知られていないモデルを使う場合には，自分で分布を（シミュレーションなどによって）用意する必要があります。

# 14.5　交差検証

## 実際にモデルの性能を未知データで試す

　推定されたモデルの未知のデータに対する説明能力を計測するために，データをモデルを推定するときに使うデータ（訓練データ）と，その性能をテストするデータ（テストデータ）に分けることを考えましょう。この方法は，データを分割してもモデルが十分推定できる場合には，非常に有効なモデル評価の方法です。単純に訓練データとテストデータの2つに分けて性能評価を行うことを，**ホールドアウト検証**（hold-out validation）といいます。この方法はシンプルですが，検証データを増やすと訓練データが減ってしまうというデメリットがあります。

　そこで，以下に説明する**交差検証**（cross-validation）という方法がよく使用されます[10]。

　最もスタンダードな交差検証の方法として，***K*-分割交差検証**（*K*-fold cross-validation）というものがあります。これは，全体のデータを$K$個のブロックに分割し，そのうち$K-1$個のブロックを使ってモデルを学習し，残った未使用の1ブロックをモデルの性能評価に使用する方法です（図14.5.1）。テスト用データの選び方には$K$通りの方法がありますが，このすべての場合についてモデル推定・評価を行い，性能の平均値をとって最終的なモデルの性能とします[11]。

　さらに分割の個数を最大限まで増やし，テスト用のデータを1サンプルだけ残して交差検証する方法を，**leave-one-out交差検証**（LOOCV）といいます。どれくらい細かく分割を行うかについては，計算コストなどとのトレードオフになります。この他にも問題の種類やデータの性質，分量に応じてさまざまな分割の仕方が存在します。

---

10) 交差検証する前にデータの一部をホールドアウトして，最後の性能評価に使用するという方法もあります。

11) 分割の仕方に注意が必要な場合もあります。例えば，分類問題においては訓練データに各クラスのデータがバランスよく含まれている必要があります（訓練データに含まれていないクラスはそもそも学習できない）。また，後述するように時系列データを交差検証に使用する場合には，フェアな評価ができるような分割の仕方を採用する必要があります。

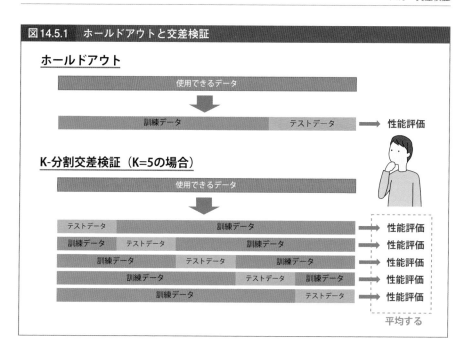

**図 14.5.1　ホールドアウトと交差検証**

**ホールドアウト**

使用できるデータ

訓練データ　テストデータ　⟶　**性能評価**

**K-分割交差検証（K=5の場合）**

使用できるデータ

| テストデータ | 訓練データ | ⟶ **性能評価** |
| 訓練データ　テストデータ | 訓練データ | ⟶ **性能評価** |
| 訓練データ　テストデータ | 訓練データ | ⟶ **性能評価** |
| 訓練データ　テストデータ　訓練データ | | ⟶ **性能評価** |
| 訓練データ | テストデータ | ⟶ **性能評価** |

平均する

　交差検証はモデルのオーバーフィッティングを防ぐのに一定の効果を持ちますが，モデル選択やハイパーパラメータの調整を行う過程で，データ全体への過学習が行われてしまうこともあるので注意が必要です。

## リーケージに気を付ける

　データを訓練用とテスト用に分割したときに，「それらは完全に独立なデータとみなせる」ことがフェアな性能評価のために重要となります。もし，訓練用のデータにテスト用データの何らかの情報が残ってしまっている場合，モデルの性能が不当に高く出てしまうことがあります。これを**リーケージ**（leakage）といいます。

　よくある例としては，時系列データにおいて隣接している観測値を訓練データとテストデータに分割してしまったり（訓練データにおける近くの点を参照すれば答えがわかってしまう），テストデータよりも後の時刻のデータを訓練データに含めてしまう（未来のデータは過去の情報を含んでいる）等があります。

　また，データに対する前処理を全体に対して行ってから分割を行うと，そこでも情報がリークすることがあります。理想的には，データに対するすべての処理

は，分割を行った後に別々に行う必要があります。リーケージについては専門家でもミスするほど間違いやすいポイントなので，十分に注意を払います。基本的な考え方として，今，手元に持っていないデータを将来取得することができたとして，それに対する性能評価を後で行うときに踏む手続きと同じになっているかをチェックするのが良いです。

## モデルの信憑性と未知のデータ

　モデルの過学習を避けるために交差検証を行うことは，通常のデータ分析において可能な手段の中で最も確実な方法であるといえるでしょう。交差検証は過学習しやすい応用志向型のモデリングでよく利用されますが，同じ考え方は理解志向型モデリングにおいてモデルの信憑性を評価するのにも使用することができます。構築したモデルの性質（例えばパラメータを変化させた場合の振る舞いなど）を調べることで予測された未知の現象が，後で実際に正しかったことが証明されることがしばしばありますが，これもその例であるといえるでしょう。

　これらの背後にある論理は，**あるデータを説明することができるモデルが，さらに別の新しいデータをたまたま良く説明するとは考えにくい**，というものです。逆に言うと，**数理モデルの推定では飽くまで，仮定したモデルの中で訓練データに一番近いものを選んでいるだけ**であり，モデルの表現力との関係性によっては，実は本質を捉えていないモデルが推定されているかもしれないと考えるべきなのです。

　モデルの評価では注意しなければならないことが沢山ありますが，本章で紹介した内容についてしっかりと押さえられていれば，データ分析における「数理モデルの力」を存分に生かすことができるのではないでしょうか。

**第14章のまとめ**

● 「いいモデル」とは，目的を達成するのに役立つモデルのことである。

●目的に応じて，評価する観点・指標が異なる。

●テスト用のデータが準備できないときには，情報量規準が便利。

●テスト用のデータを準備できる時には，ホールドアウト・交差検証を行う。

## 第四部のまとめ

第四部では，実際に数理モデルを構築するための各ステップについて，考えるべきポイント，具体的な方法論について解説しました。数理モデリングの目的に応じて，取るべき方法論が大きく異なっていますが，それらがどのように関係しているのか，どういうときに何を使えばいいのかということに関して，全体像を示しました。一般論としての内容が多くなりましたが，それらの内容を個別の文脈と照らし合わせて咀嚼すると，より深い理解につながるでしょう。

# あとがき

　本書では，数理モデルにまつわる内容を入門的な説明レベルで俯瞰的に解説しました。「数理モデル」の全体像は極めて広大で，どこに何があるのか整理するだけでも膨大な分量になってしまいます。本書ではスタンダードな話題を出来るだけ漏らさないように，そして，ただ並べるだけでなく，それらがどのような目的に使用されるのか，どのようなアイディアに基づいているのか，互いにどのような関係にあるのか，といった繋がりを意識して一冊の入門書としてまとめました。

　本書の特色として（複数著者による共著でなく）一人の著者がこれらのさまざまな話題を一冊にまとめていることが挙げられます。これにより，全体のまとまり・整合性を高く維持した他にない入門書を目指しました。

　一つ数理モデルを決めてしまえば，それに適した各ステップの方法論について，どのようなバリエーションがあるのか，どのように運用すればよいのかといった情報を得ることは比較的容易です。しかし，このようにさまざまなモデルで使われる方法論を俯瞰的に見ることで初めて，そもそもなぜそのような方法を使わなければいけないのか，あるいは，実はもっと直接的に問題を解決する方法があるのではないか，といったことに気付くことができるのではないでしょうか。ここまでの内容がしっかり頭に入っていれば，どのような手法で数理モデリングを行うときにでも，適切な考え方に基づいて分析ができると思います。

　本書の中では，各論の細かい話や実例を敢えて出さずに説明を試みた部分がいくつかあります。これは非本質的な部分に紙面や読者の意識を消費しないことを目的としたものですが，若干抽象的に感じられた方もいらっしゃるかもしれません。

　本書の内容は，「数理モデル論」として数理モデルの概要を一通り理解した後に，具体的な個別の細かいモデリング手法については別の参考書を用いて学習することを念頭に置いて設計されています。ここまで読んでくださった読者の方は，今後の数理モデルに関する学習が見通し良く行えることは間違いないと思います。

　さまざまな数理モデルに関する理解が深まった後に，是非もう一度本書を読み直してみてください。もしかすると，また新しい気付きを得られるかもしれません。

# 日本語索引

◎**著者プロフィール**

東京大学先端科学技術研究センター特任講師。

2011 年、東京大学工学部航空宇宙工学科卒業。2015 年、同大学院博士課程修了（特例適用により1年短縮）、博士（工学）。日本学術振興会特別研究員、国立情報学研究所特任研究員、JST さきがけ研究員、スタンフォード大学客員研究員を経て、2020 年より現職。東京大学総長賞、井上研究奨励賞など受賞。数理的な解析技術を武器に、統計物理学、脳科学、行動経済学、生化学、交通工学、物流科学など幅広い分野の問題に取り組んでいる。

カバーデザイン：植竹裕（UeDESIGN）

本文デザイン・DTP：有限会社 中央制作社


デ〜タ分析のための数理モデル入門
本質をとらえた分析のために

2020年 5月 8日　初版第1刷発行
2024年11月14日　初版第15刷発行


著者　　江崎 貴裕

発行人　片柳 秀夫

編集人　志水 宣晴

発行　　ソシム株式会社

　　　　https://www.socym.co.jp/

　　　　〒101-0064　東京都千代田区神田猿楽町 1-5-15 猿楽町 SS ビル

　　　　TEL：(03)5217-2400（代表）

　　　　FAX：(03)5217-2420

印刷・製本　　株式会社暁印刷